普通高等教育计算机创新系列教材

C语言程序设计教程

主　审　罗永龙

主　编　陈付龙　李　杰

副主编　孙丽萍　郑孝遥　王涛春

参　编　赵　诚　凌宗虎　陈传明
　　　　齐学梅　夏　芸　杜安红
　　　　接　标　丁新涛　许建东
　　　　王金红

科学出版社

北　京

内 容 简 介

C 语言是当今国际上广泛流行的程序设计语言之一，本书讲解 C 语言程序设计的基础知识及编程技巧。全书共分 12 章，包括绪论，基本数据类型及运算，顺序结构程序设计，选择结构程序设计，循环结构程序设计，函数，数组，编译预处理，指针，结构体、共用体和枚举，位运算，文件等内容。书中示例侧重实用性和启发性，通俗易懂，使读者能够快速掌握 C 语言的基础知识与编程技巧。

本书可作为高等院校各专业学生学习 C 语言程序设计的教材，也可供参加计算机等级考试者和其他学习者使用参考，还可作为软件开发人员的参考用书。

图书在版编目（CIP）数据

C语言程序设计教程／陈付龙，李杰主编. —北京：科学出版社，2020.2

普通高等教育计算机创新系列教材

ISBN 978-7-03-064348-3

Ⅰ. ①C… Ⅱ. ①陈… ②李… Ⅲ. ①C 语言-程序设计-高等学校-教材 Ⅳ. ①TP312.8

中国版本图书馆 CIP 数据核字（2020）第 010234 号

责任编辑：昌 盛 滕 云 董素芹／责任校对：严 娜

责任印制：赵 博／封面设计：华路天然工作室

科学出版社 出版

北京东黄城根北街 16 号

邮政编码：100717

http://www.sciencep.com

天津市新科印刷有限公司印刷

科学出版社发行 各地新华书店经销

*

2020 年 2 月第 一 版 开本：787×1092 1/16

2025 年 2 月第三次印刷 印张：14 1/4

字数：360 000

定价：49.00 元

（如有印装质量问题，我社负责调换）

前 言

“C 语言程序设计”课程是高等院校计算机类专业的专业基础课，也是很多非计算机专业理科学生的必修课，基本上是本科生接触计算机程序设计的第一门语言。C 语言的应用非常广泛，既可以用于编写系统程序，也可以作为编写应用程序的设计语言，还可以应用于嵌入式系统和物联网应用的开发。同时，C 语言又是进一步学习 Java 程序设计和 C++程序设计的基础，因而对大多数学习者来说，用 C 语言作为入门语言是最佳的选择。

本书努力体现以下特色：①本书是针对大学计算机程序设计第一门教学语言编写的教材，同时兼顾广大计算机用户和自学爱好者，适合教学和自学；②既介绍 C 语言的使用，又介绍程序设计的基本方法和技巧；③重视良好的编程风格和习惯的养成；④力求做到科学性、实用性、通俗性的统一，叙述方式便于阅读理解。

本书共分为 12 章，以培养 C 语言应用能力为主线，介绍 C 语言的基本概念、语法规则和利用 C 语言进行程序设计的方法。全书分为基础和扩展两部分，基础部分包括 1～6 章，主要阐述程序设计的基本概念、基本数据类型、基本程序结构及函数；扩展部分包括 7～12 章，主要介绍数组，编译预处理，指针，结构体、共用体和枚举，位运算，文件等内容。

本书由陈付龙、李杰任主编，由孙丽萍、郑孝遥、王涛春任副主编。第 1、6 章由赵诚编写，第 2 章由郑孝遥编写，第 3 章由凌宗虎编写，第 4 章由陈传明编写，第 5 章由孙丽萍编写，第 7 章由齐学梅编写，第 8 章由夏芸编写，第 9 章由杜安红编写，第 10 章由接标编写，第 11 章由王涛春编写，第 12 章由丁新涛编写。全书由陈付龙、李杰负责统稿。许建东、王金红负责文字和图片校对。罗永龙在百忙之中审阅了全书并提出修改意见，在此表示衷心的感谢。

由于编者水平有限，不足之处在所难免，敬请读者及同仁不吝赐教。

编　者

2019 年 4 月

目　录

第 1 章　绪　论

1.1　程序设计思想

1.1.1　程序和程序设计语言

在人类的发展历史中，人们为了传达信息、表达思想、交流情感，逐渐发明了各种语言，如汉语、英语等，这些人类进行交流所用的语言称为自然语言。自从世界上第一台电子计算机 ENIAC 诞生以来，计算机的发展已历经半个多世纪。在这一过程中，为了能够更好、更有效地与计算机进行通信，指挥其为人类工作，人们同样发明、设计出许多专门与计算机进行交流的语言，这些语言称为程序设计语言。程序设计语言相对自然语言来说，使用的词汇不多、语法简单、语义清晰，便于人们使用其控制计算机。

众所周知，计算机是能够自动进行数据处理的电子设备。计算机之所以能够自动、有条不紊地工作，根本原因在于计算机是在程序的控制下进行工作的。那么什么是程序呢？程序实际上就是用户用于指挥计算机进行各种动作，使计算机完成指定任务的指令序列。为计算机编写程序的过程称为程序设计。程序设计过程中所使用的语言就是程序设计语言。

计算机的一切工作都是通过执行程序来完成的，而计算机可以直接识别并执行的程序是用二进制串表示的机器语言程序。对于人类来说，直接用机器语言书写程序是一件十分痛苦的工作。为此，人们发明了汇编语言，采用便于记忆的符号代替二进制串，但实际上汇编语言仅是机器语言的一种助记符，没有本质的区别，使用仍然不便。在这种情况下，各种高级程序设计语言便随之产生了。高级程序设计语言之所以高级就在于它接近人类的自然语言，更加符合人类的思维方式。

因为高级程序设计语言更接近人所习惯的描述形式，所以更容易被接受，这也使更多的人能够参与程序设计活动。因为高级程序设计语言开发效率高，所以人们使用其设计出了更多的应用系统，这反过来又大大推动了计算机应用的发展。应用的发展又促进了计算机工业的更大发展。可以说，高级程序设计语言的诞生和发展，对计算机发展到今天起到了极其重要的作用。

1.1.2　算法概述

任何问题的求解都是按照一定的步骤进行的，一般来说，解决实际问题的方法和有限的步骤序列称为算法，即算法是一个有穷规则的集合。著名计算机学者 N. Wirth 曾经提出了一个著名的公式："程序=算法+数据结构"。因此，算法是程序设计的关键，是程序的灵魂。换句话说，只有通过算法描述出来的问题，才能够通过计算机进行求解。同时，只有按部就班地通过编程经验的积累，逐步培养出分析、分解、抽象算法的能力，我们最终才能掌握分析实际问题、解决复杂问题的方法。

归纳起来，算法一般具有以下几个特征。

(1) 有穷性。算法要包含有限的操作步骤，每步要在有限的时间内终止。

(2) 确定性。算法每一步应当有明确含义，相同的输入只能得到唯一的输出。

(3) 可行性。算法所有步骤都必须是可行的，且能得到有效的结果。

(4) 输入。算法可以有多个输入，也可以零输入。

(5) 输出。算法可以有多个输出，但必须有输出。

众所周知，对于一个特定的实际问题，可能有多种不同的解决策略或途径，这些不同的解决问题的方法就对应了不同的算法。那么，如何对算法的优劣进行评价？在最终决定解决问题的方案时，究竟应该选择哪种算法呢？一般来说，评价算法的好坏主要是看算法的时间复杂度和空间复杂度。这两个指标主要侧重于评价算法的执行效率，通常是从运行算法时所需要消耗的时间和空间代价方面进行考量的。在相同条件下，若某个算法相对于其他算法而言，时间复杂度与空间复杂度越低，则其性能越优。

算法可以用任何形式的语言和符号来描述。目前，算法的表示主要使用自然语言、流程图、伪代码、计算机语言等几种方法。

1. 自然语言

自然语言可以是中文、英文、数学表达式等。用自然语言表达算法通俗易懂，缺点是文字可能过于冗长、在语言表述不规范时容易造成二义性，表达复杂算法的能力较弱。

例 1.1　设计一个算法，输出 20 以内的所有质数并统计数量。

【问题分析】

一个正整数可以分解为两个整数的乘积，这两个整数称为原数的因子。例如，6=2×3=1×6，那么 1、2、3、6 都是 6 的因子。质数也称为素数，是一类特殊的正整数，除了 1 和数自身之外再也没有其他因子。因此，对于一个正整数 $n(n>2)$ 而言，若能在整数集 $[2,n-1]$ 中找到一个整数 i，使 n 可以被 i 整除，那么 i 就是 n 的因子，此时可以直接断定 n 不是质数。对于复杂问题，算法需要分层设计。为了解决本题，首先需要设计质数判定算法。

【算法设计】

使用自然语言表示算法：

(1) 质数判定算法。

输入：整数 n。

输出：是或否。

算法：对于 2～n–1 的每一个整数 i，对 i 从小到大依次执行如下操作，如果 n 可以被 i 整除，直接输出“否”。如果直到 i 增加到 n–1 时仍然无法整除 n，则输出“是”。

(2) 最终算法。

输入：无。

输出：所有的质数以及质数数量。

算法：设定一个计数器，用它来记录总数，并将其初值设置为 0。对于 2～20 的每一个数 n，调用质数判定算法，如果 n 是质数，则输出 n，同时计数器加 1。最后，输出计数器的值。

2. 流程图

流程图用一些图框符号来表示各种操作，直观、形象、简单，便于理解和交流。图 1-1 是美国国家标准学会(ANSI)规定的一些常用的符号，我们可以使用这些常用的符号来描述算法。图 1-2 给出了一个示例，要求输出两个数中较小的那个数。通过阅读流程图，可以一目了然地了解算法是如何具体实现的。

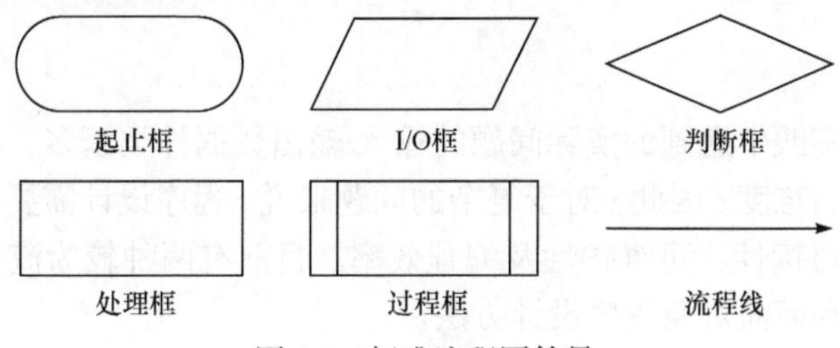

图 1-1　标准流程图符号

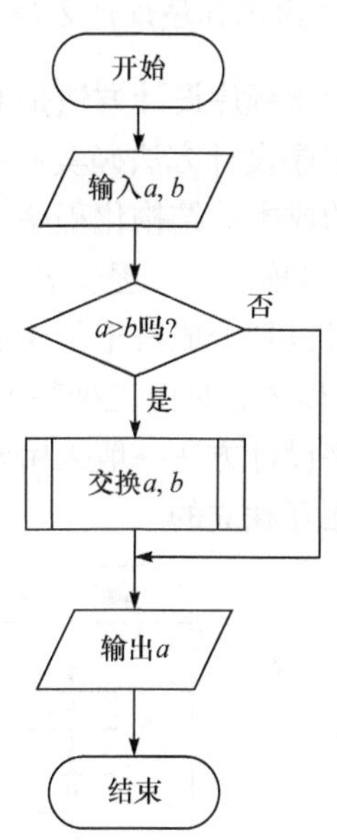

图 1-2　输出两个数中较小数的算法流程

3. 伪代码

伪代码是使用介于自然语言与计算机语言之间的文字来描述算法，它没有使用图形符号。用伪代码表示算法考虑了计算机实现，书写方便，格式紧凑，可以轻松地转换成计算机语言。

例 1.2　设计一个算法，给定两个正整数，输出其最大公约数。

【问题分析】

最大公约数也称为最大公因子，是指两个正整数的公共因子中最大的那个。例如，12 的因子有 1、2、3、4、6、12，9 的因子有 1、3、9，12 和 9 的公因子有 1 和 3，最大公约数是 3；6 的因子有 1、2、3、6，12 和 6 的最大公约数是 6；5 的因子有 1、5，12 和 5 的公因子只有 1，最大公约数也是 1。根据最大公约数的定义分析得知，两个正整数最大公约数的上限不会超过两个数中较小的那个，下限设定为 1。

【算法设计】

```
{
    输入两个正整数 m, n
    如果 m<n 则 min= m，否则 min= n
    i 初始值设置为 min，依次减 1，终止值为 1，执行下列子代码段
      {
        如果 m 和 n 能同时被 i 整除，则输出 i 后程序终止
      }
}
```

4. 计算机语言

计算机无法识别自然语言、流程图以及伪代码，因此，算法只有使用计算机语言进行表达后，才可以在计算机上运行，程序设计也可以看成算法的计算机语言化的过程。因此，只有熟练掌握了计算机语言，将处理某个实际问题的算法准确无误地用程序进行表达后，才能在计算机上实现这个算法，并最终利用计算机解决实际问题。

1.1.3　程序设计方法

一般来说，编程实践中遇到的实际问题的输入/输出数据种类繁多，算法形态各异，这些因素加大了程序设计的难度。因此，对于复杂的问题来说，程序设计需要一定的方法来指导，以便提高程序设计的可读性、可维护性及编程效率。目前有两种较为流行的程序设计方法：结构化程序设计方法和面向对象程序设计方法。

1. 结构化程序设计方法

结构化程序设计方法是 E. W. Dijkstra 提出的，是面向过程的程序设计方法。实践证明，结构化程序设计方法确实使程序执行效率提高，并且由于减少了程序出错的概率，大大降低了维护的成本。结构化程序设计方法包含两个主要特征。

(1) 自顶向下、逐步求精和模块化设计。将大型任务从上向下划分成多个功能模块，每个模块又可以划分成若干子模块，然后分别进行模块程序的编写。

(2) 程序总是由三种基本结构组成：顺序结构、选择结构和循环结构，如图 1-3 所示。结构化程序设计方法一般采用函数或过程(详见第 6 章)来描述对数据的操作，但函数与其操作的数据是相互独立的。

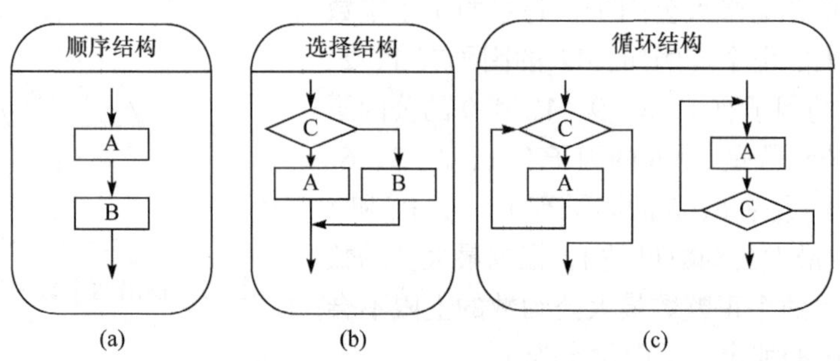

图 1-3　结构化程序设计基本结构

2. 面向对象程序设计方法

面向对象程序设计方法是另一种重要的程序设计方法，改进了结构化程序设计方法的先天不足。面向对象程序设计方法把数据和对数据施加的操作封装在了一起，作为一个相互依存、不可分割的整体，即“对象”，把同类型对象抽象出其共性为“类”，类通过外部接口，对象间通过消息进行通信。面向对象程序设计方法的三个主要特征是：封装性、继承性和多态性。

1.1.4　程序设计的基本步骤

1. 确定数学模型(或数据结构)

在程序设计之前，首先应该把实际问题用数学语言抽象出来，形成一个一般性的数学问题，从而给出问题的数学模型。数学模型需要准确地表达问题本身涉及的各种约束条件和所求结果，以及条件和结果之间的联系。确定数学模型是解决实际问题的前提和基础。

2. 描述算法

算法的一个显著特征是，它解决的是一类问题而不是一个特定的问题。关于算法，需要考虑以下三个方面的问题：如何确定算法(算法设计)、如何表示算法(算法表示)以及如何使算法更有效(算法复杂性分析)。确定数学模型或者数据结构之后，就要着手考虑解决问题的具体方案，并采用自然语言、伪代码等方法进行算法的初步描述。算法描述主要在于展示程序设计思路，是进行程序调试的重要参考。

3. 编写、调试程序

确定程序设计语言后，根据算法表述，将已设计好的算法用程序进行表达。事实上，编写程序的过程中会遇到两类错误：语法错误和逻辑错误。语法错误的检查相对容易，而逻辑错误的检查则要困难一些。编写程序就像用某种自然语言来写文章，首先语法要通。但语法没错误，并不意味着这篇文章就符合要求了，因为这篇没有语法错误的文章有可能词不达意、不知所云。后者就是我们在程序调试时要做的事，即找出程序中的逻辑错误。这是一个需要耐心和经验的过程。编程过程中一般需要经历反复编码与调试，才能得到得以运行且结果符合预期的程序。

4. 测试程序

程序编写完成后，必须经过科学、严格的测试，才能最大限度地保证程序的正确性。通过测试程序可以对程序的性能做出评估。

1.2 C语言简介

1.2.1 C语言的发展历史

C语言是国际上最流行的、应用最广泛的高级程序设计语言之一，深受广大程序员的欢迎。C语言的发展过程大致分为以下几个阶段。

1. C语言的出现

C语言是在贝尔实验室由Ken L. Thompson和Dennis M. Ritchie在开发UNIX操作系统的过程中开发出来的一种程序设计语言。UNIX 操作系统最初是用汇编语言编写的，当时 Ken L. Thompson决定用一种更加高级的编程语言来完成UNIX操作系统的开发，于是他设计了一种名为 B 语言的程序设计语言。事实上，这种 B 语言是在 BCPL(Basic Combined Programming Language)的基础上开发的(BCPL 则可追溯到一种更早的 Algol 60 语言)。1970 年，Ken L. Thompson用B语言重新编写了部分UNIX代码并且在PDP-11计算机上运行。到了1971年，B语言越来越不适合PDP-11计算机，于是Dennis M. Ritchie开始开发B语言的升级版，这就是大名鼎鼎的C语言。1973～1975年，Ken L. Thompson和Dennis M. Ritchie用C语言重写了UNIX操作系统，先后推出了UNIX V5、UNIX V6。此时的C语言还是附属于UNIX操作系统的。

2. C 语言的发展

整个 20 世纪 70 年代，特别是 1977～1979 年，C 语言一直在持续发展。1977 年出版了《可移植 C 语言编译程序》一书；1978 年又出版了《C 语言修订报告》，从而使 UNIX 操作系统推广到各种计算机上，推动了 UNIX 操作系统的不断发展。UNIX 操作系统的巨大成功和广泛使用，不但充分显示出了 C 语言的优良特性，反过来也促进了 C 语言的迅速推广。1978 年，Brian W. Kernighan 和 Dennis M. Ritchie 合作编写并出版了 *The C Programming Language* 一书。这本书是以后介绍 C 语言的各种书籍的蓝本。由于当时缺少 C 语言的正式标准，所以这本书就成为当时事实上的标准，编程爱好者习惯上把它称为“K&R”。到了 20 世纪 80 年代，C 语言已经不仅仅运行在 UNIX 操作系统上，越来越多的使用不同操作系统的计算机都开始使用 C 语言编译器。特别是当时迅速壮大的 IBM PC 平台也开始使用 C 语言。

3. C 语言的标准化

随着 C 语言的迅速普及，一系列问题也接踵而至。编写新的 C 语言编译器的程序员都把“K&R”作为参考。但遗憾的是，“K&R”对一些语言特性的描述并不明确，何况在“K&R”出版以后，C 语言仍在不断变化，增加了一些新特性并且去除了少量过时的特性。解决 C 语言标准化的问题迫在眉睫。

1983 年，ANSI 开始编写 C 语言标准。经过多次修订，C 语言标准于 1988 年完成，并且在 1989 年 12 月正式通过。Brian W. Kernighan 和 Dennis M. Ritchie 按照 ANSI C 标准重写了 *The C Programming Language* 一书，于 1990 年正式发表了 *The C Programming Language(Second Edition)*。1990 年，国际标准化组织(ISO)通过了 ANSI C 标准，将其作为国际标准。人们把这些标准中描述的 C 语言称为 ANSI C，ANSI/ISO C 或者称为“标准 C”。此后推出的各种 C 语言版本对标准 C 都是兼容的。

4. C++语言的出现

在 C 语言的基础上，1983 年贝尔实验室的 Bjarne Stroustrup 推出了 C++。C++进一步扩充和完善了 C 语言，成为一种面向对象的程序设计语言。C++的基础是 C 语言，C++比 C 语言要复杂得多，但 C++的开发系统可以编译和运行 C 程序。ANSI 和 ISO 除了为 C 语言制定标准外，还为 C++制定了标准，在 C++的标准中，对于“C 的部分”进行了许多扩展和改动，这些扩展和改动都对程序的开发很有利。一些大的软件公司，到了 20 世纪 90 年代就不再更新 C 语言的版本了，而是不断地更新 C++的版本。

VS 是 Microsoft Visual Studio 的简称，是目前最流行的 Windows 平台应用程序的集成开发环境。VS 是一个基本完整的开发工具集，它包括了整个软件生命周期中所需要的大部分工具，如统一建模语言(UML)工具、代码管控工具、集成开发环境(IDE)等。本书将以 Visual Studio 2010(VS 2010)作为编程开发平台来介绍 C 语言的编程技术。

1.2.2　C 语言的特点

C 语言一般被称为程序员的语言，它给程序员提供了强大的功能。C 语言是一种优秀的程序设计语言，主要因为 C 语言具有以下几个基本特点。

(1) 可移植性好。由于C语言与UNIX系统的早期结合以及后来的ANSI/ISO标准化工作，C语言程序本身基本不依赖于计算机的硬件系统，可移植性好。只要在不同种类的计算机上配置C语言编译系统，即可达到程序移植的目的。

(2) 效率高。高效性是C语言与生俱来的优点之一。C语言编译系统小，生成目标代码质量高，因此程序执行效率高。

(3) 功能强大。C语言拥有一个庞大的数据类型和运算符的集合，这使C语言具有强大的表达能力，往往寥寥几行代码就可以实现许多功能。C语言除具有一般高级语言所拥有的四则运算及逻辑运算功能外，还具有二进制的位运算、复合运算等许多其他的功能。

(4) 标准库函数丰富。C语言的一个突出优点就是它的标准库包含了数百个函数，这些函数可以用于输入/输出、字符串处理、存储分配以及其他一些实用的操作。

(5) 灵活度高。虽然C语言最初的设计是为了编写系统程序，但这并不是说它不能解决其他领域的问题。事实上，C语言现在可以用于编写从嵌入式系统到商业数据处理的各种应用程序。此外，C语言在使用上的限制非常少。在其他语言中认定为非法的操作在C语言中有可能是允许的。

(6) 典型的模块化程序设计语言。C语言的函数结构、程序模块间的相互调用及数据传递和数据共享技术，为大型软件设计的模块化分解技术、软件工程技术的应用提供了强有力的支持，因而C语言是一种典型的模块化程序设计语言。

1.2.3 C程序初识

例1.3 在屏幕上显示“Hello, World!”。

```
/*eg1.3.c*/
#include <stdio.h>          /*将标准输入/输出头文件包含到程序中来*/
int main()                  /*主函数*/
{
   printf("Hello,World!\n");     /*调用库函数printf显示字符串*/
   return 0;                     /*主函数返回0值*/
}
```

【运行结果】

```
Hello, World!
```

【例题解析】

由于在程序中使用了printf，所以程序在最前面应当包括行：

```
#include <stdio.h>
```

此行的作用是告诉编译程序，在本程序中使用了C标准库里的输入/输出函数，要求编译程序正确处理输入/输出函数的使用。本程序由一个main函数构成。main是函数名，函数名后面的圆括号内是填写参数的地方，由于本程序 main 函数没有参数，所以是空的，但圆括号不能省略。

main 函数下面有一对花括号，花括号内的所有语句构成了 main 函数的主体。需要注意的是，语句末尾一定要加上分号，表示一条语句的结束。本程序共有两条语句。printf 函数是 C 语言的库函数，其作用是将字符串"Hello, World!"输出在屏幕上，'\n'是转义字符，它是 C 语言中的换行符，即输出字符串后换行。main 是一个函数，这个函数在程序终止时会向操作系统返回一个状态值。return 语句返回值为 0 时，表明程序正常终止。

程序代码中还有一些写在“/*”与“*/”之间的说明性文字，这些内容称为程序的注释。在 C 语言中，注释内容不是程序的组成部分，并不参与程序编译。换句话说，即便删除注释部分也不会影响程序的运行结果。注释部分允许出现在程序的任何位置，书写时“/”和“*”之间不能有空格。

例 1.4　编程计算一个学生的语文、数学、英语成绩的总分和平均分。

```
/*eg1.4.c*/
#include <stdio.h>
int main()
{
   int chinese=90,math=85,english=92;
                         /*定义表示成绩的三个整型变量并赋初值*/
   int total;            /*定义表示总分的整型变量*/
   double average;       /*定义表示平均分的双精度浮点型变量*/
   total=chinese+math+english;/*计算三门课成绩的总分*/
   average=total/3.0;  /*计算三门课成绩的平均分*/
   printf("Total=%d, Average=%f\n",total,average);
                         /*输出总分和平均分*/
   return 0;
}
```

【运行结果】

```
Total=267, Average=89.000000
```

【例题解析】

程序首先定义了三个整型变量 chinese，math 和 english，分别用来表示语文、数学、英语三门课的成绩，并且给它们赋了初值。接着，程序又定义了一个整型变量 total 和一个双精度浮点型变量 average，分别表示这三门课的总分和平均分。然后计算总分和平均分，最后调用 printf 函数输出结果。

例 1.5　用户输入一个整数，计算机输出这个整数的绝对值。

```
/*eg1.5.c*/
#include <stdio.h>
```

```
int fun(int x)    /*该函数的功能是计算一个整数的绝对值*/
{
  if(x<0)         /*如果 x 是一个负整数，则 x 的值被赋成它的相反数*/
     x=-x;
  return x;       /*返回绝对值*/
}
int main()
{
  int number,result;              /*定义两个整型变量*/
  printf ("Input a number: ");/*提示用户输入一个数*/
  scanf("%d",&number);            /*从键盘输入一个整数给变量 number*/
  result=fun(number);
  /*调用 fun 函数计算 number 的绝对值并将其存储在 result 里*/
  printf("%d\n",result);          /*输出计算结果*/
  return 0;
}
```

【运行结果】

```
Input a number: -168↙(下划线内容为用户输入)
168
```

【例题解析】

该程序定义了两个函数，一个是 main 函数，另一个是自定义的 fun 函数，后者的功能是求一个整数的绝对值。在执行时，先由 scanf 函数从键盘上输入一个整数，然后调用 fun 函数，将输入给 number 的值传给 fun 函数的参数 x，接着在 fun 函数中计算这个数的绝对值，并用 return 语句将结果作为函数的返回值赋给 main 函数中的 result 变量，最后调用 printf 函数输出结果。

通过以上三个简单的示例可以看出，C 语言源程序具有如下特点。

(1) 任何一个 C 语言程序都是由若干个函数构成的，其中必须有且仅有一个函数名为 main 的主函数。一个 C 语言程序运行总是从主函数开始，并在主函数中结束。各函数在程序内的位置可以任意，但最好把主函数安排在最后(如例 1.5)，以免要在程序中显式声明被调用的函数。

(2) 主函数可以调用其他函数，其他函数间也可以相互调用，但不能调用主函数。

(3) C 语言中的函数可以是标准库函数(如 printf 和 scanf)，也可以是自定义函数(如例 1.5 中的 fun 函数)。函数由函数头和函数体两部分构成。函数名所在的一行称为函数头；在函数头下面一对花括号内的内容称为函数体。

(4) 一条语句以“;”(分号)作为结束标志，分号是 C 语句的一部分。

(5) “/*”与“*/”之间的内容构成 C 语言程序的注释部分。“/*”与“*/”之间的内容可以是一行，也可以是多行；注释部分不参与程序的编译和执行，只起说明作用，增加程序的可读性；注释不允许嵌套(注：在 C++中，也可以用“//”注释一行代码)。

1.3　C 程序的编码过程

1.3.1　编程步骤

C 语言是高级程序设计语言，用 C 语言写出的程序通常称作源程序，源程序虽然便于人们书写和阅读，但计算机却不能直接执行，因为计算机只能识别和执行特定二进制形式的机器语言程序。为使计算机能完成某个 C 源程序所描述的工作，就必须首先把这个源程序转换成二进制形式的机器语言程序，这种具有翻译功能的程序称为编译程序。每一种高级语言都有与之对应的编译程序，C 语言也不例外。

事实上，从一个在纸上写好的 C 语言程序到一个可以在计算机上运行的程序一般要经过编辑、编译、连接、运行四个步骤，如图 1-4 所示。

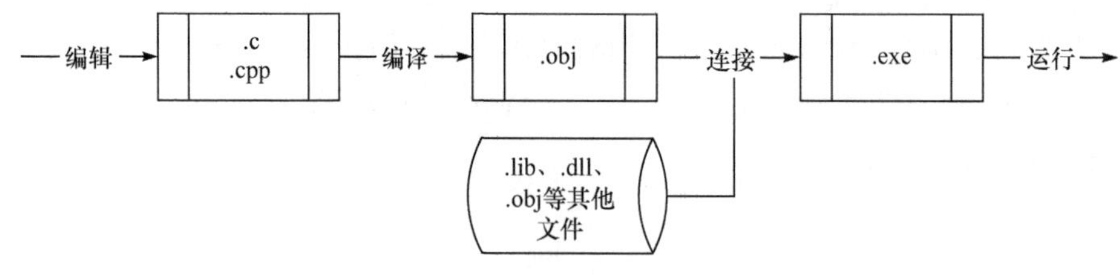

图 1-4　C 程序编程步骤

1. 编辑

用 VS 2010 集成开发环境中的编辑器或其他任何一种文本编辑程序将源程序代码输入计算机，形成源程序文件，这一过程称为源程序的编辑。在此过程中，必须严格遵守 C 语言的语法规则，特别注意编辑源程序时千万不可出现不允许的特殊字符，如全角符号、汉字等。源程序文件的扩展名为 c 或 cpp。

2. 编译

编译程序将源程序文件生成目标程序文件的过程称为编译。编译程序会自动分析、检查源程序的语法错误，并按两类错误类型[警告(Warnings)和错误(Errors)]报告出错行和原因。用户根据报告信息修改源程序，直到程序编译正确。编译的结果是输出中间目标文件。目标文件的扩展名为 obj。

3. 连接

连接程序将中间目标文件与所指定的库文件和其他中间目标文件连接。这一过程中，可能出现缺少库函数等连接错误，连接程序同样会报告错误信息。用户可以根据错误信息修改源程序，重新编译、连接，直到程序正确。连接的结果是输出可执行文件。可执行文件的扩展名为 exe。

4. 运行

一个 C 源程序经过编译、连接后，生成可执行文件。运行可执行文件时，既可在 VS 2010 集成开发环境中运行，也可在操作系统中直接运行。程序运行后，一般在屏幕上显示运行结果。根据运行结果可以判断程序是否还有逻辑错误。编译时产生的错误是语法错误，运行时产生的错误是逻辑错误。例如，程序中把 $a+b$ 误写成了 a/b，肯定得不到正确的结果，这就不是语法错误，而是逻辑错误。出现逻辑错误时同样需要修改源程序，然后重新编译、运行。

1.3.2 编码风格

C 语言本身对书写格式没有特别要求，它的书写格式非常自由。C 语言中一行内可以写一条语句，也可以写多条语句。一条长语句也可占多行。但是，由于 C 语言语句比较简洁精练，有时可读性不好，这就要求在书写上要遵循一定的格式。因此，从书写清晰，便于阅读、理解和维护的角度出发，在书写程序时应遵循如下规范。

(1) 一个声明或一条语句占一行。

(2) 变量名标识符在命名时，尽可能做到"见名知意"。

(3) C 语言中花括号{}用得比较多，一般情况下，左、右花括号各占一行，并且需上下对齐，嵌套时注意控制缩进，便于检查。VS 2010 集成环境中带有自动缩进和对齐功能，要尽量使用这些自动功能，尽量避免自己手动去缩进和对齐。

(4) 在语句中加上适当的空行或空格表示某个操作的结束，增加程序的可读性。

(5) 程序中要有足够的注释，以帮助整理编程思路，也给后期代码维护带来方便。

良好的编码风格是优秀程序员的基本素质之一，不仅可以提高阅读和调试的效率，也是提高软件可复用性和软件开发效率的重要保证。

1.3.3 学习方法

1. 认真读

阅读程序是掌握程序设计思想、掌握编程方法的一个捷径。阅读和分析一些典型的示例程序有助于检验和提高对基本知识的理解。学习一门语言并不需要刻意去记条条框框的词法和语法规则。看程序代码时，遇到不明白的地方需要自己主动查阅相关的书籍资料，或者借助互联网使用搜索引擎查询相关的技术文档，这样才会加深理解。

2. 多积累

积累程序代码也是学习程序设计语言中的重要环节。对于初学者来说，平时把自己编好的程序或自己读懂的程序分类保存起来，建立一个属于自己的代码库。当需要编写相关功能的程序时，去检索自己的代码库。这样不仅可以提高编程效率，也可以提高代码的正确性。

3. 勤动手

程序设计是一门实践性很强的课程，学好它的秘诀在于勤动手，多实践。初学者刚开始不要奢望立刻就能写出优秀的代码，编程过程中要循序渐进，先写一些功能简单的程序。随着掌握知识的不断增多，再对其慢慢扩充。编程贵在动手，熟在坚持。动手实践是深化和巩固理论知识、掌握计算机语言的唯一途径。

本章小结

本章首先介绍了程序、算法、程序设计思想的基本概念，叙述了 C 语言的发展历史，接着结合实例介绍了 C 语言源程序的基本组成和 C 语言的特点，最后介绍了 C 语言程序的编码过程。希望读者通过本章的学习，能对 C 语言有一个初步的了解，并能模仿书中的例子写一些简单的 C 程序。

学习 C 语言的目的就是编写程序，解决实际问题。同时，只有不断地熟悉 C 语言的语法结构，在计算机上动手编写程序并从执行结果中了解程序运行的过程，才是学习 C 语言的最好方法，这比只看书不动手有效得多。初学编程的人一开始由于缺乏足够的计算机语言知识和编程经验，对于很简单的问题往往也会感到很困难，不知如何动手编写程序。初学者一开始可以先参考、模仿样例程序，写一些小的、简单的程序，然后循序渐进，从小到大，直到能够独立地编写程序，解决比较复杂的实际问题。

第 2 章　基本数据类型及运算

第 1 章介绍了简单的 C 语言程序的基本组成以及 C 语言的特点，本章着重解决 C 语言编程时考虑的三个问题：计算机能处理的数据类型；针对这些数据类型的操作和运算；如何准确地输出程序结果。这三个问题分别由本章的数据类型、运算符与表达式及格式化的输入/输出来回答。

通过对本章的学习，读者可掌握 C 语言数据类型及其运算规则的相关知识，方便读者对现实世界各种各样数据形式的描述和处理，为后续章节的学习奠定良好的基础。

2.1　数 据 类 型

数据是程序处理的对象，是程序设计中的重要组成部分。计算机中处理的数据不仅仅是简单的数字，还包括文字、声音、图形、图像、视频、动画等各种数据形式。C 语言为我们提供了丰富的数据类型、运算符及语法规则，方便读者对现实世界中各种各样数据形式的描述和处理。

C 语言的数据结构是以数据类型形式出现的，数据类型是指数据在计算机内存中的表现形式，也可以理解为数据在程序运行过程中的特征。C 语言使用的数据类型可分为基本类型、构造类型、指针类型和空类型，如图 2-1 所示。

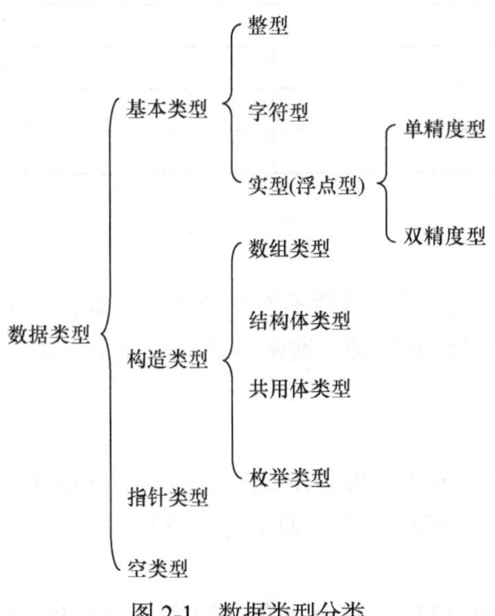

图 2-1　数据类型分类

(1) 基本类型：包含整型、实型(又称浮点型)和字符型三种。

(2) 构造类型：包含数组类型、结构体类型、共用体类型和枚举类型四种。数组类型将在第 7 章介绍，结构体类型、共用体类型和枚举类型将在第 10 章介绍。

(3) 指针类型：指针是 C 语言中一种重要的数据类型，其值用来表示某个变量在内存中的地址。指针将在第 9 章介绍。

(4) 空类型：空类型是一种特殊的类型，用关键字 void 表示，一般用来声明函数的返回值类型，将在第 6 章介绍。

2.2 常量与变量

2.2.1 标识符

在 C 语言中，有许多符号组成的命名，如变量名、函数名、数组名等，都必须遵守一定的规则。标识符是由程序员按照命名规则自己定义的词法符号，C 语言中构成标识符的命名规则如下。

(1) 标识符只能由字母、数字和下划线三种字符构成。

(2) 标识符的第一个字符必须是字母或下划线，后续字符可以是字母、数字或下划线。

C 语言标识符不仅要满足上述两条规则，还有下面三点需要注意。

(1) 标识符中大写字母和小写字母被认为是不同的字符，如 name，Name，NAME 是三个不同的标识符。

(2) 标识符不能与任何关键字相同。

(3) 标识符的有效长度随系统而异。

表 2-1 列举了几个合法的和非法的标识符名称。

表 2-1 合法、非法的标识符举例

合法标识符	非法标识符
name	123name
Score99	variable?
_Min	good-C
floatx	float

2.2.2 常量

常量是指那些在程序运行过程中其值不能改变的量。常量分为不同的类型，如 12、0、−3 为整型常量，4.6、−1.23 为实型常量等。通常常量分为以下 5 类。

1. 整型常量

整型常量根据存储类型可分为长整数(long)、短整数(short)、有符号整数(int)和无符号整数。根据不同进制表示，又可分为三种形式，即十进制整型常量、八进制整型常量和十六进制整型常量。

(1) 十进制整型常量，如 123、−78 等，基本数字范围为 0～9，可有正有负。

(2) 八进制整型常量，如 013、045、−0126、0777 等，其基本数字范围是 0～7。

(3) 十六进制整型常量，如 0x99、0x5AC0、−0xFF 等，基本数字范围是 0～9，10～15 写为 A～F 或 a～f，可有正有负。

2. 实型常量

实型常量主要有小数表示形式和指数表示形式两种。

(1) 小数表示形式，如 12.36、10.0、–1.002 等。

(2) 指数表示形式，如 1.234e4、3.14e–1、10E2 等。字母 e 或 E 之前(即尾数部分)必须有数字，否则是错误的，如 E2；字母 e 或 E 之后(即指数部分)必须是整数，指数部分无整数或为小数均是错误的，如 1.2e 和 3.14E1.0。

3. 字符常量

字符常量是由一对单引号括起来的单个字符构成的，包括普通字符常量和转义字符常量。

(1) 普通字符常量就是指它代表 ASCII 码字符集里的某一个字符，在程序中用单引号括起来构成，如'1'、'A'和'+'等。注意'a'和'A'是两个不同的字符常量。

(2) 除了上述的普通字符常量外，C 语言还有一些特殊的字符常量称为转义字符常量，又称为控制字符常量，如转义字符'\n'，其中“\”是转义的意思。表 2-2 列出了 C 语言中常用的控制字符。

表 2-2　控制字符常量及含义

转义字符序列	ASCII 码表示	描述
\n	NL	换行
\b	BS	退格
\f	FF	换页
\r	CR	回车
\t	HT	横向制表
\v	VT	纵向制表
\'	'	单引号
\"	"	双引号
\?	?	问号
\\	\	反斜杠
\ddd	1～3 位八进制数所代表的字符	八进制数
\xhh	1～2 位十六进制数所代表的字符	十六进制数
\0	NUL	空字符

4. 字符串常量

字符串常量是由一对双引号括起来的零个或多个字符序列组成的。如"student"、"helloC"和"A"等。双引号仅起定界符的作用，并不是字符串中的字符。读者在学习该知识点时，应注意字符串常量与字符常量的区别，主要有下面三点。

(1) 字符常量由单引号括起来，而字符串常量是由双引号括起来的。

(2) 字符常量只占一字节的存储空间；字符串常量由所有字符和串结束标记'\0'所构成，串结束标记是系统自动加入每个字符串的结束处的，所以字符串常量的内存字节数等于字符串中字符数加 1。例如，字符串常量"a"，包含字符'a'和'\0'，占 2 字节。

5. 符号常量

以上介绍了 C 语言几种类型常量的直接表示形式，又叫直接常量，与此对应的还有符号常量。符号常量就是使用标识符定义一个常量，如可用如下方法定义 PI 代表 3.1415926。

```
#define  PI  3.1415926
```

例 2.1　输入圆的半径，计算圆的周长和面积。

【程序代码】

```
/*eg2.1.c*/
#include <stdio.h>
#define PI 3.1415926
int main()
{
  double r,len,area;    //r 表示半径，len 表示周长，area 表示面积
  scanf("%lf",&r);
  len=2*PI*r;           //PI 代表 3.1415926
  area=PI*r*r;
  printf("r=%f,len=%f,area=%f\n", r,len,area);
  return 0;
}
```

【运行结果】

```
1.5
r=1.500000,len=9.424778,area=7.068583
```

从例 2.1 可以看出，定义符号常量的优点有：表达清晰，通过标识符 PI，读者很容易理解 PI 代表圆周率；只要修改程序中的 define 宏定义，如 PI 的宏定义修改为 3.14，就可以使程序中所有引用 PI 的位置全部统一地用 3.14 来代替圆周率，便于统一修改。

2.2.3　变量

与常量不同，变量是指在程序运行过程中其值可以被改变的量。变量具有三个基本要素：变量名、变量的存储单元和变量值，即一个变量应该有一个名字，在内存中占据一定的存储单元，在该存储单元中存储变量的值，如图 2-2 所示。

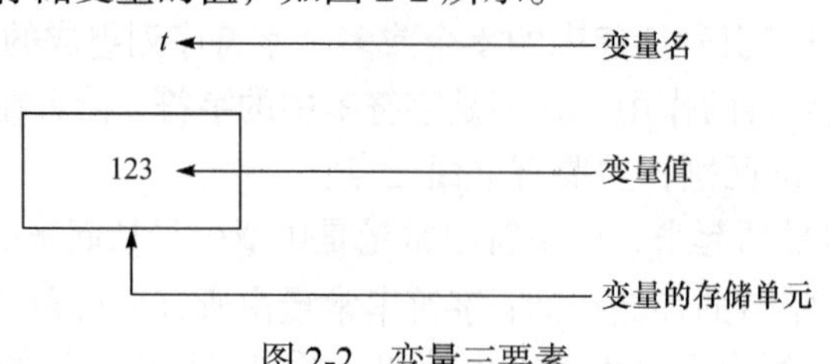

图 2-2　变量三要素

应注意区分变量名和变量值这两个不同的概念。变量名实际是一个符号地址，在编译、连接时由系统给每一个变量名分配一个内存地址。程序中变量取值时，实际上是通过变量名找到相应的内存地址，再从其内存单元中读取数据。程序中出现的变量由用户按标识符的命名法则并结合在程序中的实际意义对其命名。

C 语言规定变量的定义形式为：

```
数据类型变量名[=初值]，变量名[=初值],…;
```

这里的数据类型是指 C 语言中合法的数据类型，包括整型(int)、字符型(char)和浮点型(float)等。变量名列表中，变量与变量之间用逗号隔开。例如：

```
int i=10,j,k;
```

在 C 语言中要求程序使用的每个变量都必须先定义，然后才能使用，这称为强制定义，其优点如下：

(1) 变量使用时不会发生错误。例如，若在定义部分没有定义“int teacher”而在程序中写成“teacher=30;”，那么在对程序进行编译时会查出 teacher 没有定义，产生编译错误。

(2) 对变量指定了类型后，在编译时就可给该变量分配内存。

(3) 在一个变量确定了一种类型后，实际上也就确定了对这个变量所能进行的操作。例如，对两个整型变量 a，b，则可以进行求余运算 $a \% b$，而对两个实型变量则不能进行求余运算。

例 2.2　变量的定义与使用。

【程序代码】

```
/*eg2.2.c*/
#include <stdio.h>
int main()
{
 int num=5;         //定义并给整型变量赋值
 double t=2.3f;  //定义并给实型变量赋值
 char ch='D';
 num=num*2+1;     //改变整型变量的值
 t=num*t;           //改变实型变量的值
 ch=ch-1;           //改变字符型变量的值
 printf("num=%d\n",num);    //输出各变量的值
 printf("t=%f\n",t);
 printf("ch=%c\n",ch);
 return 0;
}
```

【运行结果】

```
num=11
```

```
t=25.300000
ch=C
```

【例题解析】

首先定义三个变量，然后改变这三个不同类型变量的值；最后打印出所有变量。具体输入/输出语句将在后续章节中进行详细的介绍。

2.3　格式输出与输入函数

信息或数据从计算机的外部设备(如键盘、磁盘、光盘、扫描仪等)流入计算机称为输入；从计算机主机流向外部设备(如显示器、磁盘、打印机等)称为输出。

C 语言本身不提供输入/输出语句，而是由 C 函数库中的函数来实现，在 C 标准函数库中包含的常用输入/输出函数有：格式输出函数 printf、格式输入函数 scanf、单个字符输出函数 putchar 和单个字符输入函数 getchar 等。本节主要介绍 printf 和 scanf 函数。

在使用系统库函数时，要用编译预处理命令“#include”将有关“头文件”包括到用户的源文件中，这些头文件包含了调用函数时需要的信息。对于标准输入/输出库函数，要用到头文件“stdio.h”中提供的信息。因此在调用标准输入/输出函数时，文件开头应该有以下程序命令：

```
#include <stdio.h>
```

或者：

```
#include "stdio.h"
```

2.3.1　格式输出函数 printf

格式输出函数 printf 的功能是向计算机默认设备(一般是显示器)输出一个或多个任意类型的数据。

printf 函数的一般调用形式为：

```
printf("格式控制字符串", 输出列表);
```

如：

```
printf("a=%d,s=%f\n", a, s);
```

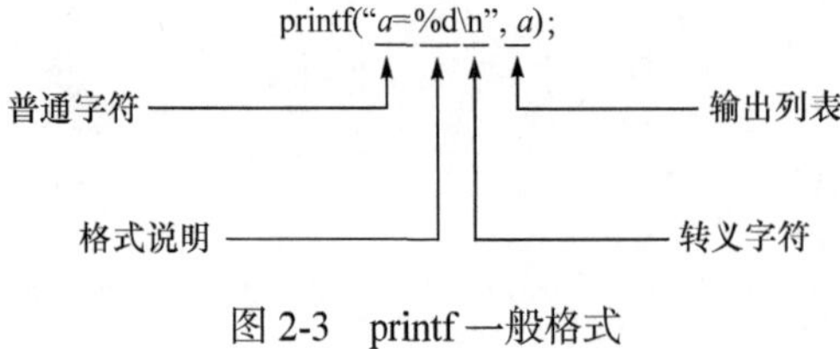

图 2-3　printf 一般格式

1. 格式控制字符串

格式控制字符串是由双引号括起来的字符串，用于指定输出的格式。它由格式说明、转义字符和普通字符三部分组成，如图 2-3 所示。

1) 格式说明

由“%”字符开始，在“%”后面跟有各种格式字符，并以一个英文字母结束，以说明输出数据的类型、对齐方式、长度、小数位等格式。

格式说明符的一般形式为：

```
%[标志][输出数据最小宽度 m][.精度 n][数据长度]类型
```

C 语言提供的常用 printf 函数格式符如表 2-3 所示。

表 2-3　常用 printf 函数格式说明及应用举例

格式说明	功能	实例	输出结果	说　明
%d, %i	输出带符号的十进制整数	int *x*= −1; printf("%d", *x*);	−1	—
%u	输出无符号十进制整数	int *x*=153; printf("%u", *x*);	153	—
%x, %X	输出不带前导符 0X 或 0x 的无符号十六进制整数	int *x* = 2000; printf("%X", *x*);	7D0	%x 表示符号 a～f 以小写形式表示；%X 表示符号 A～F 以大写形式表示
%o	输出无符号形式八进制整数	int *x* = 2000; printf("%o", *x*);	3720	不带前导符 0
%f	输出小数形式的单、双精度实数	float *x* = 123.456; printf("%f", *x*);	123.456000	默认 6 位小数
%e, %E	输出科学计数法形式的实数	float *x* = 123.456; printf("%e", *x*);	1.234560e+002	尾数部分 6 位数字(包括 1 位整数位，1 位小数点)
%c	输出单个字符	char *x* ='*a*'; printf("%c", *x*);	*a*	—
%s	输出字符串	char *x*[8] = "abcdfg\0"; printf("%s", *x*);	abcdfg	必须以\0 结束或给定长度

在格式说明中，还可在“%”与格式符间插入几种附加说明字符，其组成为“%[附加说明字符]格式符”。常用的附加说明字符如表 2-4 所示。

表 2-4　常用 printf 函数附加说明字符

附加说明字符	意义
l	用于长整型，可以加在格式符 d，o，x，u 的前面
m(正整数)	数据输出的最小宽度，当数据实际宽度超过 *m* 时，则按实际宽度输出，若实际宽度短于 *m*，则输出时前面补 0 或空格
.*n*(正整数)	对实数表示输出 *n* 位小数，对字符串表示从左截取的字符个数
–	输出的字符或数字在域内向左对齐，默认右对齐
+	输出的数字前带有正负号
0	在数据前多余空格处补 0
#	用在格式符 o 或 x 前，输出八进制或十六进制数时带前缀 0 或 0x

将附加说明字符(格式修饰字符)与格式符进行组合，可以输出各种不同格式的整型数据、字符型数据和实数型数据。

2) 转义字符

转义字符用于控制设备的动作，如制表符'\t'、换行符'\n'等。

例如：

```
printf("a=%d\n",a);
```

函数中双引号内的\n 就是一个换行符，它的作用是输出 *a* 的值后产生一个换行操作。

3) 普通字符

除格式说明和转义字符之外，其他字符均属于普通字符，打印时按原样输出。例如，常见的双引号内的逗号、空格和普通字母等。

例如：

```
printf("x=%d,ch=%c,f=%f\n",12,'A',1.2);
```

其中“*x*=”和“,”等都是普通字符。此语句的输出结果是：

```
x=12,ch='A',f=1.200000
```

2. 输出列表

需要输出的数据项由若干表达式组成，表达式之间用逗号分隔，特别需要注意以下几点。

(1) 表达式可以由变量构成，也可以由常量构成。

(2) 格式控制字符串中必须含有与输出项一一对应的输出格式说明，类型必须匹配。

(3) 尽量不要在输出语句中改变输出变量的值，因为可能会造成输出结果的不确定性。

例 2.3　输出整型、长整型、无符号整型数据。代码如下：

【程序代码】

```
/*eg2.3.c*/
#include <stdio.h>
int main()
{
  int a=12;
  long b=1234;
  unsigned c=12345;
  printf("%d,%ld,%u\n", a, b, c);
        /*以十进制形式按数据实际长度输出变量 a, b, c*/
  printf("%+8d,%+8ld,%+8u\n", a, b, c);
        /*以十进制形式按 8 位列宽输出变量 a, b, c，带正负号*/
  printf("%08d,%08ld,%08u\n", a, b, c);
        /*以十进制形式按 8 位列宽输出变量 a, b, c，不足位补 0*/
  printf("%-8d,%-8ld,%-8u\n", a, b, c);
        /*以十进制形式按 8 位列宽输出变量 a, b, c，靠左对齐*/
```

```
  printf("%o,%lo,%o\n", a, b, c);
        /*以八进制形式按实际列宽输出变量 a, b, c*/
  printf("%#x,%#lx,%#x\n",a, b, c);
        /*以十六进制形式按实际列宽输出变量 a, b, c, 带前缀 0x*/
  printf("%8o,%8lo,%8o\n",a, b, c);
        /*以八进制形式按 8 位列宽输出变量 a, b, c*/
  printf("%-8x,%-8lx,%-8x\n", a, b, c);
        /*以十六进制形式按 8 位列宽输出变量 a, b, c, 靠左对齐*/
  return 0;
}
```

【运行结果】(□代表空格)

```
12,1234,12345
□□□□□+12,□□□+1234,□□□12345
00000012,00001234,00012345
12□□□□□□,1234□□□□,12345□□□
14,2322,30071
0xc,0x4d2,0x3039
□□□□□□14, □□□□2322, □□□30071
c□□□□□□□, 4d2□□□□□, 3039□□□□
```

请读者自行分析程序运行情况。

例 2.4　输出字符和字符串。代码如下：

【程序代码】

```
/*eg2.4.c*/
#include <stdio.h>
int main()
{
  char ch='A';
  printf("%c\n",ch);           /*输出变量 ch*/
  printf("%-3c\n",ch);         /*输出变量 ch, 列宽为 3, 靠左对齐*/
  printf("%3c\n",ch);          /*输出变量 ch, 列宽为 3, 靠右对齐*/
  printf("%s\n","Student");
  /*按实际长度输出字符串 Student*/
  printf("%12s\n","Student");
  /*输出字符串 Student, 列宽为 12, 靠右对齐*/
  printf("%-12s\n","Student");
  /*输出字符串 Student, 列宽为 12, 靠左对齐*/
```

```
  printf("%10.5s\n","Student");
  /*截取字符串 Student 的前 5 个字符，列宽为 10，靠右对齐*/
  printf("%-10.5s\n","Student");
  /*截取字符串 Student 前 5 个字符，列宽为 10，靠左对齐*/
  return 0;
}
```

【运行结果】

```
A
A□□
□□A
Student
□□□□□Student
Student□□□□□
□□□□□Stude
Stude□□□□□
```

请读者自行分析程序运行情况。

例 2.5　输出实型数据。在 C 语言中实型数据包括 float 和 double 两种类型，可以使用下面的格式输出它们。代码如下：

【程序代码】

```
/*eg2.5.c*/
#include <stdio.h>
int main()
{
 float x;
 double y;
 x=123456.789;
 y=333333333.33333;
 printf("%f\n",x);
 printf("%f\n",y);
 printf("%10f,%.2f,%10.2f,%-10.2f\n",x,x,x,x);
 printf("%e\n",x);
 printf("%f,%e,%g",y,y,y);
 return 0;
}
```

【运行结果】

```
123456.789063
```

```
333333333.333330
123456.789063,123456.79, □123456.79,123456.79□
1.234568e+005
333333333.333330,3.333333e+008,3.33333e+008
```

请读者自行分析程序运行情况。

2.3.2 格式输入函数 scanf

scanf 函数的功能是从键盘上将数据按用户指定的格式输入并赋给指定的变量。scanf 函数的一般调用形式为：

```
scanf("格式控制字符串",地址列表);
```

例如：

```
scanf("%d,%d",&a,&b);
```

1. 格式控制字符串

格式控制字符串是由双引号括起来的字符串，它的定义与使用方法和 printf 函数大致相同，但不能显示非格式字符串，即不能显示普通字符和转义字符。格式字符串以“%”字符开始，以一个格式字符结束，中间可以插入附加说明字符。在格式控制字符串中若有普通字符，则输入时原样输入。scanf 函数中可以使用的格式字符如表 2-5 所示，在“%”与格式字符间可使用的附加说明字符如表 2-6 所示。

表 2-5　scanf 函数格式字符及作用

格式字符	作用
%d, %i	输入带符号的十进制整数
%u	输入无符号的十进制整数
%x, %X	输入无符号的十六进制整数(不区分大小写)
%o	输入无符号的八进制整数
%f	输入实数，可以用小数形式或指数形式输入
%e, %E, %g, %G	与%f 作用相同，%e、%E、%f、%g、%G 可以互相替换使用
%c	输入单个字符
%s	输入字符串，将字符串送到一个字符数组中，在输入时以非空字符开始，遇到回车或空格字符结束

表 2-6　scanf 函数附加说明字符及作用

格式修饰符	作用
L 或 l	用在格式字符 d，o，x，u 前，表示输入长整型数据；用在 f 或 e 前，表示输入 double 型数据
h	用在格式字符 d，I，o，x 前，表示输入短整型数据
m	指定输入数据所占宽度，不能用来指定实数型数据宽度，应为正整数
*	表示该输入项在读入后不赋值给相应的变量

2. 地址列表

地址列表是由若干个地址组成的表列，用逗号“,”分隔，可以是变量的地址或是字符串的首地址。变量地址由地址运算符“&”后跟变量名组成。

例 2.6 用 scanf()函数输入数据。

【程序代码】

```
/*eg2.6.c*/
#include <stdio.h>
void main()
{
    int a,b,c;
    printf("Please input a,b,c:\n");
    scanf("%d%d%d",&a,&b,&c);
    printf("a=%d,b=%d,c=%d\n",a,b,c);
}
```

运行时按以下方式输入 *a*，*b*，*c* 的值：

```
1□2□3↙              /*输入 a,b,c 的值，用空格间隔，↙表示回车符*/
a=1,b=2,c=3         /*输出 a,b,c 的值*/
```

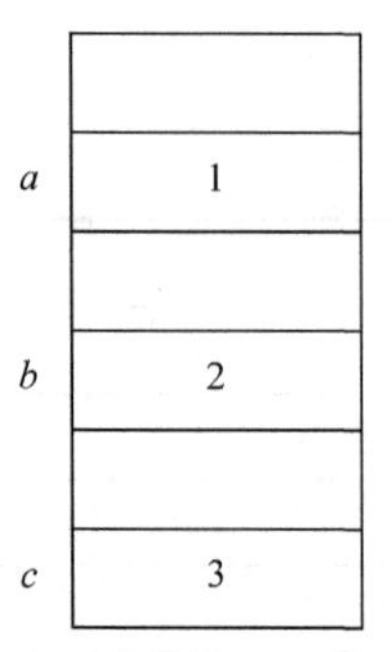

图 2-4 变量 *a*，*b*，*c* 在内存中的存储示意

&*a*、&*b*、&*c* 中的“&”是“地址运算符”，&*a* 指 *a* 在内存中的地址。上面的 scanf 函数的作用是：按照 *a*，*b*，*c* 的内存地址将 *a*，*b*，*c* 的值存入内存，如图 2-4 所示，变量 *a*，*b*，*c* 的地址是在编译阶段分配的。

“%d%d%d”表示要按十进制整数形式输入三个数。输入数据时，在两个数据之间以一个或多个空格间隔，也可以是回车(Enter)键或跳格(Tab)键来间隔。下面的输入均为合法：

(1) 1□2□2↙

(2) 1↙
2□3↙

(3) 1(按 Tab 键)2↙
3↙

用“%d%d%d”格式输入数据时，不能用逗号作为两个数据的分隔符，如下面的输入不合法：

```
1,2,3↙
```

3. 使用 scanf 函数时应注意的问题

(1) scanf 函数地址列表中的各个参量都是变量地址，而不是变量名。例如，设 *a*，*b* 分别为整型变量和浮点型变量，则如下语句是合法的：

```
scanf("%d %f",&a,&b);
```

而如下语句是非法的：

```
scanf("%d %f",a,b);
```

(2) 在格式控制字符串中除了格式说明以外还有其他字符，则输入数据时在对应位置应输入与这些字符相同的字符。例如：

```
scanf("a=%d,b=%d",&a,&b)
```

输入时应用如下形式：

```
a=1,b=2↙
```

而如下输入形式则是非法的：

```
1□2↙
```

(3) 在用“%c”格式输入字符时，空格字符和转义字符都将作为有效的字符输入。

例如：

```
scanf("%c%c%c",&c1,&c2,&c3);
```

如果输入 a□b□c↙，则字符'a'送给 c_1，字符'□'送给 c_2，字符'b'送给 c_3。因为%c 只要求读入一个字符，后面不需要用空格作为两个字符的间隔，因此'□'作为下一个字符送给 c_2。如果想将字符'a'、'b'、'c'分别赋给字符变量 c_1、c_2、c_3，正确的输入方法是：

```
abc↙ (中间没有空格)
```

(4) 在输入数据时，若遇到下列情况，则认为输入数据结束。

① 遇空格、按 Enter 键或 Tab 键；

② 遇宽度结束，如“%3d”，只取 3 列；

③ 遇非法输入。

例如，对于：

```
scanf("%d%c%f",&a,&b,&c);
```

若输入：

```
123a123*.26↙
↓↓↓
abc
```

变量 a 获得 123，b 获得 a，c 获得 123，遇非法输入字符“*”结束。

2.4 整 型 数 据

整型数据分为整型变量和整型常量。

2.4.1 整型变量

1. 整型变量的分类

整型变量的基本类型符为 int，在 int 之前可以根据需要分别加上修饰符 short(短整型)或 long(长整型)，形成以下四类整型的变量。

(1) 基本类型：以 int 表示，在内存中占四字节，其取值范围是–2147483648～2147483647，即$-2^{31}\sim 2^{31}-1$。

(2) 短整型：类型说明符为 short int 或 short，在内存中占两字节，其取值范围是–32768～32767，即$-2^{15}\sim 2^{15}-1$。

(3) 长整型：类型说明符为 long int 或 long，所占字节和取值范围均与基本类型相同。

(4) 无符号型：类型说明符为 unsigned。其中，无符号型又可以与上述三种类型匹配而构成无符号基本型 unsigned int 或 unsigned、无符号短整型 unsigned short 和无符号长整型 unsigned long。各种无符号型所占的内存空间字节数与相应的有符号变量相同。但由于省去了符号位，所以不能表示负数。有符号短整型变量的最大取值为 32767，而无符号短整型变量的最大取值为 65535。

以上数据类型的具体情况见表 2-7。

表 2-7　整型数据分类表

类型关键字	所占字节数	取值范围	说明
int	4	–2147483648～2147483647	有符号基本整型
unsigned	4	0～4294967295	无符号基本整型
short	2	–32768～32767	有符号短整型
unsigned short	2	0～65535	无符号短整型
long	4	–2147483648～2147483647	有符号长整型
unsigned long	4	0～4294967295	无符号长整型

2. 整型变量的定义

整型变量的定义格式为：

```
数据类型变量 1,变量 2,变量 3,…;
```

例如：

```
int a,b;          /*定义两个整型变量 a,b*/
long c,d,f;       /*定义三个长整型变量 c,d,f*/
unsigned e;       /*定义一个无符号型变量 e*/
```

2.4.2　整型常量

1. 整型常量的表示方法

C 语言中整型常量可以用以下三种进制表示。

(1) 十进制表示，如 123、–256、0 等。

(2) 八进制表示。以数字 0 开头的数表示，如 0123 表示八进制 123。

(3) 十六进制表示。以 0x 开头的数表示，如 0x123 代表十六进制数 123。

2. 整型常量的分类

通过 2.4.1 节的介绍，整型变量可分为 int，short int，long int 和 unsigned int，unsigned short，unsigned long 六个类别。那么整型常量是否也有这些类别呢？实际上整型常量只分为三种类型，将一个整型常量赋值给上述几种类别的整型变量时遵循下面几个规则。

(1) 一个整型常量后面加一个字母 l 或者 L，则认为是 long int 型常量。

(2) 一个整型常量后面加一个字母 u，则认为是 unsigned int 型常量。

(3) 一个整数若未加说明，则默认为它是 int 型。

2.5　实 型 数 据

实型数据，又称为浮点型数据，表示的是小数的数值。在程序运行过程中其值改变的实型数据称为实型变量。实型常量是一种在程序运行过程中不改变其值的实型数据。实型常量在 C 语言中又叫浮点数。

2.5.1　实型变量

实型变量分为单精度和双精度两种类型，分别使用关键字 float 和 double 定义，它们的分类情况见表 2-8。

表 2-8　实型数据分类表

数据类型	别称	解释	内存中所占字节数	表示数字的范围
float	无	单精度类型	4 字节	$3.4\times10^{-38}\sim3.4\times10^{38}$
double	无	双精度类型	8 字节	$1.7\times10^{-308}\sim1.7\times10^{308}$

定义的格式如下：

```
float x;      /*定义 x 变量是用来表示 float 型数据的*/
double y,z;  /*定义 y,z 变量是用来表示 double 型数据的*/
```

注意：对于程序中的实型数据来说，float 型的数据提供 7 位有效数字，double 型的数据提供 15～16 位有效数字。

例 2.7　浮点数的有效位数实例。

【程序代码】

```
/*eg2.7.c*/
#include <stdio.h>
int main()
{
   float x;
   x=1.123456789;
   printf("%.9f\n",x);
   return 0;
}
```

【运行结果】

```
1.123456836
```

【例题解析】

在本例中，*x* 被赋值了一个有效位数为 10 位的数字，但由于 *x* 为 float 类型，所以 *x* 只能接收 7 位有效数字。在 printf 语句中，使用格式符号%.9f，表示 printf 语句在输出时小数点位数占 9 位，但只有 1.123456 共 7 位有效数字被正确显示出来，后面的数字是一些无效的数字。这表明 float 型的数据只接收 7 位有效数字。

2.5.2　实型常量

在 2.2 节中，已经介绍了实型常量主要有小数表示和指数表示两种形式。在 Visual C++ 6.0 系统中将实型常量都作为双精度来处理，如有如下语句：

```
f=1.5*3.1415926;
```

系统将 1.5 和 3.1415926 按双精度数据(8 字节)存储和运算，得到一个双精度的乘积赋给变量 *f*，这样做可以保证计算结果更精确，但是运算速度降低了。可以在数的后面加字母 f 或 F，这样编译系统会按单精度(4 字节)处理。

2.6　字符型数据

2.6.1　字符常量

2.2 节中已经介绍过字符常量，它是由一对单引号括起来的一个字符，包括普通字符和转义字符，因此本节不再赘述。

2.6.2　字符变量

1. 字符变量的定义

字符变量用来存储字符常量，字符变量的类型关键字为 char。一个字符变量只能存储一个字符常量，一个字符变量在内存中占 1 字节。在存储时，实际上是将该字符的 ASCII 码值(无符号整数)存储到内存单元中。

其定义形式如下：

```
char 变量名 1，变量名 2，…，变量名 n;
```

例如：

```
char ch1,ch2;                /*定义两个字符变量 ch1、ch2*/
ch1='A'; ch2='0';            /*给字符变量赋值*/
```

字符 A、0 的 ASCII 码值分别为 65、48，在内存中字符变量 ch1、ch2 的二进制值分别是 01000001、00110000。

2. 字符变量的特性

字符数据在内存中存储的是字符的 ASCII 码值，即一个无符号整数，其形式与整数的存储形式一样，所以 C 语言允许字符型数据与整型数据之间进行转换和运算。

(1) 一个字符型数据既可以以字符形式输出，也可以以整数形式输出。

(2) 允许对字符数据进行算术运算，此时就是对它们的 ASCII 码值进行算术运算。

例 2.8　字符变量的运算和输出。

【程序代码】

```
/*eg2.8.c*/
#include <stdio.h>
int main()
{
  char ch1,ch2,ch3,ch4;
  ch1='A'; ch2='B';
  ch3=ch1+32;    /*ch3 由 ch1 大写字母 A 转换为小写字母 a*/
  ch4=ch2+1;     /*ch4 由 ch2 字母 B 向后移一位变为 C*/
  printf("ch1=%c,ch2=%c\n",ch1,ch2);     /*字符形式输出*/
  printf("ch1=%d,ch2=%d\n",ch1,ch2);     /*整数形式输出*/
  printf("ch3=%c,ch4=%c\n",ch3,ch4);
  return 0;
}
```

【运行结果】

```
ch1=A,ch2=B
ch1=65,ch2=66
ch3=a,ch4=C
```

【例题解析】

首先定义四个字符变量，先给 ch1 和 ch2 两个字符变量分别赋初值为字符常量'A'和'B'，由于 C 语言字符型数据可以进行算术运算，因此将 ch3 的值变为'A'+32，即 ASCII 码值为 97，对应小写字母 a，ch4 的 ASCII 码值为 67，对应大写字母 C，然后按字符类型和整型数据输出 ch1 和 ch2，最后输出 ch3 和 ch4，得到上述的运行结果。

注意：字符数据占 1 字节，它只能存放 0～255 范围内的整数。

2.7　变量赋初值

程序中常需要对一些变量预先赋初值，通常有以下两种方法。

(1) 先定义一个变量，然后再给它赋一个值，如：

```
int a;
a=10;
```

(2) 在定义变量的同时就对变量赋初值，又称为变量初始化，如：

```
char ch='a';
float b=1.234;
int x, i=10;          /*部分变量赋初值，即对 i 赋初值 10*/
```

例 2.9　变量赋初值。

【程序代码】

```
/*eg2.9.c*/
#include <stdio.h>
int main()
{
  int x,y=3;
  char ch;
  ch='a';
  printf("x=%d,y=%d,ch=%c\n",x,y,ch);
  return 0;
}
```

【运行结果】

```
x=-858993460,y=3,ch=a
```

【例题解析】

程序中变量 *y*，ch 都赋了初值，而 *x* 没有进行初始化，它的值是不确定的值，如这次值为−858993460，下次可能是其他的结果。

2.8　各类数值型数据间的混合运算

C 语言提供了丰富的数据类型，不同类型数据的存储长度和存储方式不同，一般不能直接运算。为了提高编程效率，增加应用的灵活性，C 语言允许不同数据类型相互转换。由于 C 语言基本数据类型均为数值类型，除了实型外，其余类型数据均用整数存储，这给类型转换提供了可能。类型转换分为隐式类型转换和强制类型转换。其中，隐式类型转换又称为自动转换。

2.8.1　隐式类型转换

在同一个表达式中出现多种数据类型，就是各类数值型数据间的混合运算。在对这样的表达式运算求值的时候，需要先将各种类型数据转换成同一类型数据，然后才能运算求值，这种转换由编译程序自动完成，在隐式类型转换中有如下规则。

(1) 如果参与运算的运算量的类型不同，则先转换成同一类型，然后进行运算。

(2) 转换按数据长度增加的方向进行，以保证不降低精度，如 int 型和 long 型运算时，先把 int 型转换成 long 型后再计算。

(3) 所有的浮点运算都是以双精度进行的，即使仅含有 float(单精度)型运算的表达式，也要先转换成 double 型，再进行运算。

(4) char 型和 short 型参与运算时，将其先转换成 int 型。

(5) 在赋值运算中，赋值运算符两边的数据类型不同时，赋值运算符右边量的类型先转换成左边量的类型。如果右边量的数据类型长度比左边长，将丢失一部分数据，这会降低精度，丢失的部分按四舍五入向前舍入。

(6) 图 2-5 直观地解释了隐式类型转换的规则。图中的横向箭头表示必定转换，纵向箭头表示当运算对象为不同类型时转换的方向。

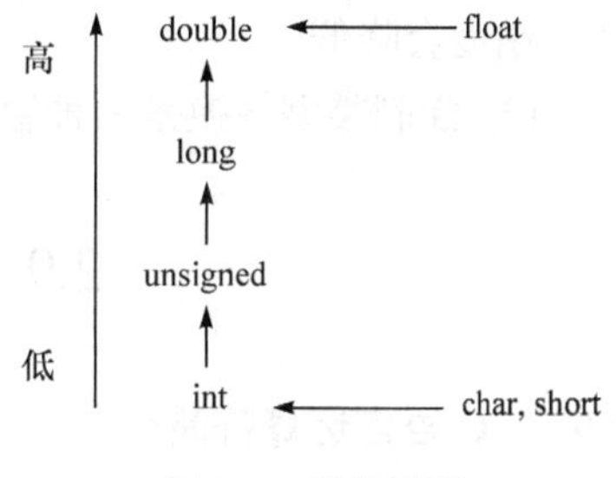

图 2-5　转换规则

例 2.10　数值型数据的隐式转换。

【程序代码】

```
/*eg2.10.c*/
char ch='a';
int n=2;
double ff=5.31;
float f=4.26f;
```

求表达式 ch*n+f*1.0−ff 的值。

表达式 ch*n+f*1.0−ff 的求解过程如下。

(1) 将 ch 转换为 int 型，计算 ch*n，即 97*2，结果为 194。

(2) 将 f 转换为 double 型，计算 f*1.0，即 4.26*1.0，结果为 4.26。

(3) 将 ch*n 的结果 194 转换为 double 型，计算 194.0+4.26，结果为 198.26。

(4) 计算 198.26–ff，即 198.26–5.31，整个表达式的结果为 192.95。

2.8.2 强制类型转换

有时为了达到某种目的，可以将一个表达式的类型转变成所需类型，这就是强制类型转换。其表现形式为：

```
(类型)(表达式)
```

例如：

```
(float)x        /*将变量 x 转换成 float 类型*/
(int)x+y        /*将变量 x 转换成整型类型后再加上变量 y*/
(int)(x+y)      /*将变量 x 和 y 相加的结果转换成整型*/
(double)36      /*将整型常量 36 转换成双精度类型 36*/
```

注意：强制转换实际上是一种单元运算，各种数据类型的标识符都可以进行强制转换。但要记住把类型的标识符用圆括号括起来，并且要注意转换的对象是一个变量还是整个表达式，如果是表达式，要用括号括起来。

关于数据类型的强制转换，有两点说明。

(1) 强制类型转换是一种不安全的转换。将高精度类型的数据转换为低精度类型的数据时，数据精度会降低。

(2) 强制类型转换是一种暂时的行为，转换过后表达式本身的类型并不会改变。

2.9 算术运算符和算术表达式

2.9.1 C 语言运算符简介

C 语言的运算符范围很宽，除了控制语句和输入/输出以外的几乎所有的基本操作都作为运算符处理。运算符也称为操作符，它是对程序中的数据进行运算的标志符号，参与运算的数据称为操作数或运算对象。由运算符和操作数组成的符合语法规则的序列称为表达式，表达式经运算后得到一个结果值。多数运算符的运算基本符合代数运算规则，但也有许多不同之处。若完成一个操作需要两个操作数，则称该运算符为双目运算符；若完成一个操作需要一个操作数，则称该运算符为单目运算符。

C 语言的运算符非常丰富，能构成多种表达式。对于运算符与表达式，应从以下几个方面来掌握。

(1) 运算符号。

(2) 运算规则，即所进行的操作。

(3) 运算的优先级别。

(4) 运算顺序。

(5) 运算对象。

(6) 运算结果。

本节重点介绍算术运算符和算术表达式，其他专用运算符将在后续章节中介绍。

2.9.2　算术运算符及其表达式

1. 基本算术运算符

C 语言中基本的算术运算符共有 5 个，分别如下。

+：加法运算符，或正值运算符，如 3+5、+3。

–：减法运算符，或负值运算符，如 5–3、–3。

*：乘法运算符，如 3*5。

/：除法运算符，如 5/3。

%：模运算，又称为求余运算，%两侧均应为整型数据，如 5%3。

以上 5 种算术运算符的运算规则与代数运算基本相同，但有以下不同之处需要说明。

(1) 关于除法运算(/)：C 语言规定两个整数相除，其商为整数，小数部分被舍弃，如 5/3 的结果值为 1。

(2) 关于求余运算(%)：要求运算符两侧的操作数均为整型数据，否则出错。结果是整除后的余数。运算结果的符号随不同系统而定，在 Visual C++ 6.0 中运算结果的符号与被除数相同。例如，7%3、7%–3 的结果均为 1(商分别为 2、–2)；–7%3、–7%–3 的结果均为–1(商分别为–2、2)。

2. 算术表达式

用算术运算符和括号将运算对象连接起来的符合 C 语法规则的式子，称为算术表达式。运算对象包括常量、变量、函数等。例如，下面是一个合法的算术表达式：

```
a+b*(7%3)-3.2
```

表达式求值遵循以下规则。

(1) 按运算符的优先级高低次序执行。运算符的优先级参考表 2-9，例如，先乘除后加减，如表达式 *a*–*b***c*，这里 *b* 的左侧为减号，右侧为乘号，而乘号优先于减号，因此，相当于 *a*–(*b***c*)。

(2) 如果在一个运算对象两侧的运算符的优先级相同，则按 C 语言规定的结合方向(结合性)进行。例如，算术运算符的结合方向是“自左至右”，即先左后右。例如，在执行 *a*–*b*+*c* 时，变量 *b* 先与减号结合(即运算对象先与左面的运算符结合)，执行“*a*–*b*”，然后执行加 *c* 的运算。如果一个运算符两侧的数据类型不同，则系统会自动按 2.8 节所述，先自动进行类型转换，使二者具有同一种类型，然后进行运算。

表 2-9　C 语言运算符的优先级与结合性

优先级	运算符	含义	运算类型	结合性
1 最高	() [] -> .	圆括号、函数参数表 数组元素下标 指向结构成员 结构体成员		自左至右

续表

<table>
<tr><th>优先级</th><th>运算符</th><th>含义</th><th>运算类型</th><th>结合性</th></tr>
<tr><td>2</td><td>!
～
++
– –
–
(类型)
*
&
sizeof</td><td>逻辑非
按位取反
自增 1
自减 1
求负
强制类型转换
指针运算符
求地址运算符
长度运算符</td><td>单目运算</td><td>自右至左</td></tr>
<tr><td>3</td><td>*、/、%</td><td>乘法、除法、求余运算符</td><td>双目运算</td><td>自左至右</td></tr>
<tr><td>4</td><td>+、–</td><td>加法、减法运算符</td><td>双目运算</td><td>自左至右</td></tr>
<tr><td>5</td><td><<、>></td><td>左移、右移运算符</td><td>移位运算</td><td>自左至右</td></tr>
<tr><td>6</td><td><、<=、>、>=</td><td>小于、小于等于、大于、大于等于</td><td>关系运算</td><td>自左至右</td></tr>
<tr><td>7</td><td>= =、!=</td><td>等于、不等于运算符</td><td>关系运算</td><td>自左至右</td></tr>
<tr><td>8</td><td>&</td><td>按位与</td><td>位运算</td><td>自左至右</td></tr>
<tr><td>9</td><td>^</td><td>按位异或</td><td>位运算</td><td>自左至右</td></tr>
<tr><td>10</td><td>|</td><td>按位或</td><td>位运算</td><td>自左至右</td></tr>
<tr><td>11</td><td>&&</td><td>逻辑与</td><td>逻辑运算</td><td>自左至右</td></tr>
<tr><td>12</td><td>||</td><td>逻辑或</td><td>逻辑运算</td><td>自左至右</td></tr>
<tr><td>13</td><td>? :</td><td>条件运算</td><td>三目运算</td><td>自右至左</td></tr>
<tr><td>14</td><td>=、+=、– =、*=、/=、%=
>>=、<<=、&=、^=、!=</td><td>赋值、运算赋值</td><td>双目运算</td><td>自右至左</td></tr>
<tr><td>15
最低</td><td>,</td><td>逗号运算(顺序求值)</td><td>顺序运算</td><td>自左至右</td></tr>
</table>

3. 自增、自减运算符

自增、自减运算的作用是分别使单个变量的值增 1 或减 1，均为单目运算符。自增、自减运算符都有两种用法。

(1) 前置运算。即运算符放在变量之前，其形式是：

```
++变量、--变量
```

作用：先使变量的值增(或减)1，然后以变化后的值参与其他运算，即先增(减)，后运算。

(2) 后置运算。即运算符放在变量之后，其形式是：

```
变量++、变量--
```

作用：变量先参与其他运算，然后使变量的值增(或减)1，即先运算，后增(减)。

例如，如果 i 的原值等于 3，则执行下面的赋值语句：

```
j=++i;     /*i 的值先增 1 变成 4，再赋给 j，j 的值为 4*/
j=i++;     /*先将 i 的值 3 赋给 j，j 的值为 3，然后 i 增 1 变成 4*/
```

例 2.11　自增、自减运算符的用法与运算规则示例。

【程序代码】

```
/*eg2.11.c*/
#include <stdio.h>
int main()
{
   int x=6,y;
   printf("x=%d\n",x);    /*先输出 x 的初值*/
   y=++x;
   /*前置运算：x 先增 1(=7)，然后再赋值给 y(=7)*/
   printf("y=++x: x=%d,y=%d\n",x,y);
   y=x--;
   /*后置运算：先将 x 的值(=7)赋值给 y(=7)，然后 x 再减 1(=6)*/
   printf("y=x--: x=%d,y=%d\n",x,y);
   return 0;
}
```

【运行结果】

```
x=6
y=++x: x=7,y=7
y=x--: x=6,y=7
```

说明：

(1) 自增、自减运算常用于循环语句中，使循环控制变量加 1 或减 1，以及指针变量中，使指针向下(或上)移动一个地址。

(2) 自增、自减运算符不能用于常量和表达式。例如，++3，$(a+b)$−−等都是非法的。

2.10　赋值运算符和赋值表达式

2.10.1　赋值运算符

C 语言包括基本赋值运算符和复合赋值运算符两种。

1. 基本赋值运算符

C 语言中基本赋值运算符为“=”，它的一般形式是：

```
变量=表达式
```

功能：将赋值运算符右边的表达式的值赋给其左边的变量。

例如：

```
a=5                     /*将 5 赋值给变量 a*/
a=(float)5/2            /*将表达式的值(=2.5)赋值给变量 a*/
```

当表达式值的类型与被赋值变量的类型不一致，但都是数值型或字符型时，系统会自动地将表达式的值转换成被赋值变量的数据类型，然后赋值给变量。

说明：

(1) “=”是赋值运算符，不是等于号。

(2) 赋值运算符左边只能是变量，不能是常量或表达式，如 $2=a$ 和 $a+b=2$ 都是错误的。

2. 复合赋值运算符

为了简化程序并提高编译效率，C 语言允许在赋值运算符“=”之前加其他运算符，以构成复合赋值运算符。如果在“=”之前加算术运算符，则构成算术复合赋值运算符，如果在“=”之前加位运算，则构成位复合赋值运算符，本节只介绍算术复合赋值运算符，其用法如下。

算术复合赋值运算的一般格式为：

```
变量算术运算符=表达式
```

它等价于：

```
变量=变量算术运算符(表达式)
```

功能：对赋值运算符左右两边的运算对象进行指定的算术运算符的运算，再将运算结果赋予左边的变量。

例如：

```
y+=3            /*等价于 y=y+3*/
y*=x+6          /*等价于 y=y*(x+6)，而不是 y=y*x+6*/
```

C 语言规定的 5 种算术复合赋值运算符如下：

```
+=   -=   *=   /=   %=        /*算术复合赋值运算符(5 个)*/
```

2.10.2　赋值表达式

由赋值运算符和操作数组成的符合语法规则的序列称为赋值表达式。赋值表达式的计算顺序是从右向左进行的，运算结果取左边表达式的值。

其一般形式为：

```
变量[复合赋值运算符]=表达式
```

例如：

(1) a=5 这个赋值表达式，常量“5”就是它的值。

(2) k=j=1，由于赋值运算符的结合方向是从右到左，因此该赋值表达式的意义是先将 1 赋值给变量 j，再将变量 j 的值赋给变量 k，整个表达式的值就是 1。

2.11　逗号运算符和逗号表达式

C 语言提供一种特殊的运算符——逗号运算符“,”，逗号运算符又称顺序求值运算符。用逗号运算符“,”连接起来的式子，称为逗号表达式。

1. 一般形式

逗号运算符的一般形式如下：

```
表达式 1，表达式 2，…，表达式 n
```

2. 求解过程

求解过程为：依次计算表达式 1 的值，再计算表达式 2 的值，直至计算完所有的逗号表达式。整个表达式的值为表达式 n 的值。

例如，逗号表达式“a=3*5, a*4”的值为 60：先求解 a=3*5，得 a=15；再求 a*4=60，所以逗号表达式的值为 60。

又如，逗号表达式“(a=3*5, a*4), a+5”的值为 20：先求解 a=3*5，得 a=15；再求 a*4=60；最后求解 a+5=20，所以逗号表达式的值为 20。

注意：并不是任何地方出现的逗号都是逗号运算符。很多情况下，逗号仅用作分隔符。

本 章 小 结

本章主要介绍了各种数据类型、常量和变量、运算符和表达式、格式输入/输出函数。同时，简要叙述了不同数据类型进行相互运算时的类型转换问题。本章的内容是 C 语言中重要的基础知识，读者应该在动手编程的基础上，充分理解本章内容，为后续章节的学习奠定良好的基础。

第 3 章　顺序结构程序设计

顺序结构是结构化程序设计中最基本的结构，构成顺序结构的基本语句是输入和输出语句。本章首先介绍结构化程序设计方法及三种控制结构，然后介绍字符数据输入函数 getchar 和输出函数 putchar 的使用方法。

3.1　结构化程序设计方法

结构化程序设计，主要采用自顶向下、逐步求精及模块化的程序设计方法和单入口、单出口的控制构件，使用基本控制结构构造程序，即顺序结构、选择结构、循环结构。

3.1.1　结构化程序设计方法的特点

结构化程序设计最早由 E. W. Dijikstra 在 1965 年提出，以模块功能和处理过程设计为主的基本原则，采用自顶向下、逐步求精、先整体后局部、先抽象后具体的开发方法，所开发的软件一般具有较清晰的层次。此外，由于仅使用单入口、单出口控制构件，程序具有良好的结构特征，能大大降低程序复杂性，增强程序可读性、可维护性和可验证性，从而提高软件使用率。

结构化程序设计以模块化设计为中心，将待开发的软件系统划分为若干个相互独立的模块，每个模块的任务比较明确，结构化程序设计方法为一些较大软件的开发打下了良好的基础。

结构化程序设计方法主要强调两点。

(1) 采用自顶向下、逐步求精的方法。

(2) 程序由顺序、选择和循环三种控制结构来构造。

3.1.2　三种基本控制结构

从程序流程的角度来看，程序可以分为三种基本结构，即顺序结构、选择结构、循环结构。这三种基本结构可以组成所有的各种复杂程序。

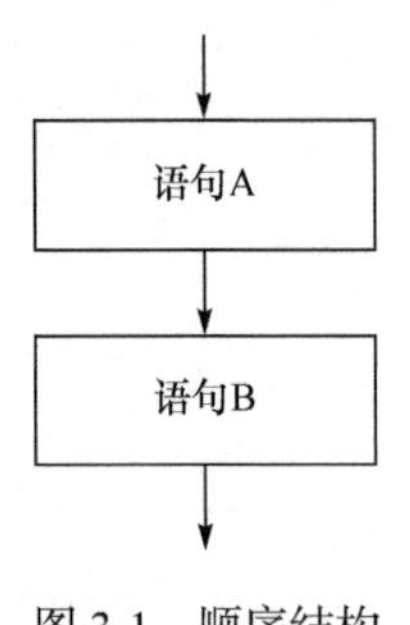

图 3-1　顺序结构

1. 顺序结构

顺序结构表示构成程序的语句按照出现的先后顺序依次执行，整个程序执行流程呈直线形，从第一条语句开始，前一条语句执行完之后再执行下一条语句，直至程序结束，如图 3-1 所示。其中 A 和 B 两个框是按顺序执行的，即执行 A 框所指定的操作后，接着执行 B 框所指定的操作。顺序结构是程序中最简单、最基本的结构。

2. 选择结构

选择结构表示程序需要根据某一特定条件判断，选择其中一个分支执行。选择结构有单分支、双分支和多分支三种形式，如图 3-2 所示。该结构中至少包含一个判断框，然后根据指定条件判断是否成立来决定程序流程的走向。

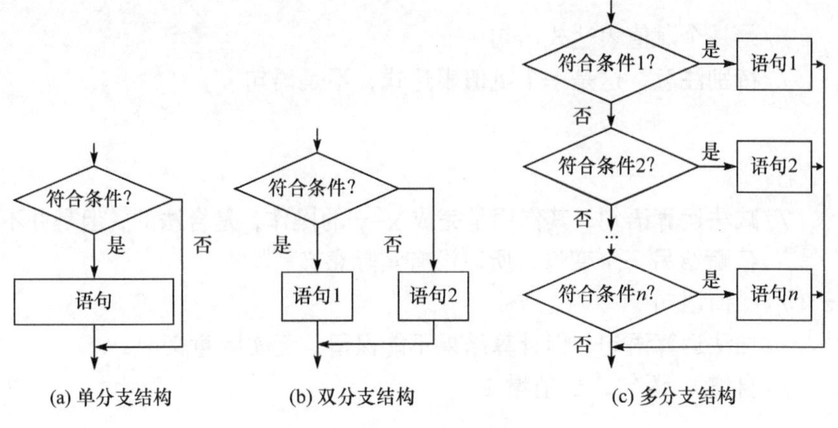

图 3-2　选择结构

3. 循环结构

循环结构表示程序反复执行某个或某些语句，直到条件为假(或为真)时才终止执行这个或这些语句。循环结构需要注意的是：什么情况下执行循环？哪些操作需要循环执行？循环结构的基本形式有两种：当型循环和直到型循环，如图 3-3 所示。

1) 当型循环

当型循环先判断条件，当满足给定条件时执行循环体，并且到达循环终端处程序自动返回到循环入口；如果条件不满足，则退出循环体直接到达流程出口处。因为是“当条件满足时执行循环”，即先判断后执行，所以称为当型循环。

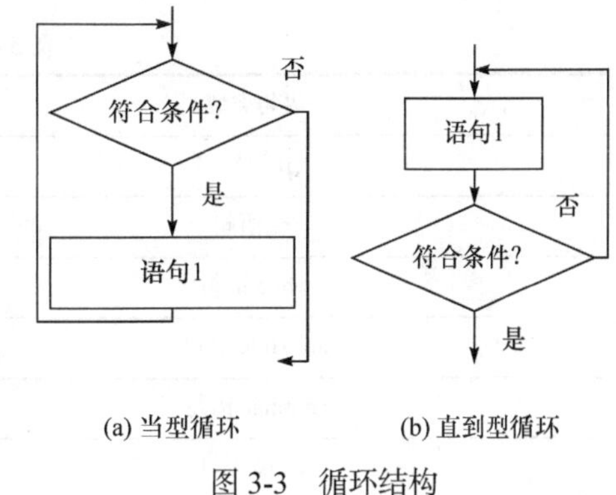

图 3-3　循环结构

2) 直到型循环

直到型循环从结构入口处直接执行循环体，在循环终端处判断条件，如果条件不满足，返回入口处继续执行循环体，直到条件成立时才退出循环到达流程出口处，即先执行再判断。因为是“直到条件成立时为止”，所以称为直到型循环。

3.2　C 语句概述

C 语言的语句通过向计算机系统发出操作指令来完成一定的操作任务。一个 C 程序包括数据描述(由声明部分来实现)和数据操作(由语句来实现)两部分。数据描述主要定义数据结构(用数据类型表示)和数据初值。数据操作是对已提供的数据进行加工。

C 语句按其功能可以分为表达式语句、控制语句、函数调用语句、空语句、复合语句五类。

1. 表达式语句

表达式语句是 C 语言中使用最频繁的语句，由一个表达式加一个分号构成。由赋值表达式和一个分号构成一个赋值语句，执行表达式语句就是计算表达式的值。

任何表达式都可以加上分号而构成语句，例如：

```
i=1;    //是一个赋值表达式语句
a=3     //特别注意，这是一个赋值表达式，不是语句
```

又如：

```
x-y;    //减法运算语句，其作用是完成 x-y 的操作，是合法的，但是并不把 x-y 的
          值赋给另一个变量，所以没有实际意义
x=y+z; //赋值语句
y+z;    //加法运算语句，但计算结果不能保留，无实际意义
i++;    //自增 1 语句，i 值增 1
```

2. 控制语句

控制语句用于控制程序的流程，由特定的语句定义符组成，用于完成一定的控制和改变程序流向的功能。C 语言中共有 9 种控制语句，如表 3-1 所示。

表 3-1　C 语言控制语句

语句类型	说明
if 语句	条件语句
for 语句	循环语句
while 语句	循环语句
do-while 语句	循环语句
continue 语句	结束本次循环语句
break 语句	中止执行 switch 或循环语句
switch 语句	多分支选择语句
goto 语句	转向语句
return 语句	从函数返回语句

3. 函数调用语句

函数调用语句由一个函数调用加一个分号构成。其一般形式为：

```
函数名(实际参数表);
```

执行函数调用语句就是调用函数体并把实际参数赋予函数定义中的形式参数，然后执行被调函数体中的语句，求取函数值(在后面函数中再详细介绍)。

例如：

```
printf("C Program");         /*调用库函数，输出字符串*/
printf("Good Morning!");
```

4. 空语句

空语句只有一个“;”，它什么也不做。一般作为程序的转向点，也可作为循环语句的循环体。例如：

```
;                        /*这是一个空语句*/
```

例如，一个以空语句为循环体的 while 循环结构(见第 5 章)：

```
while(getchar()!='\n')  /*循环结构*/
;
```

上述语句的功能是，只要从键盘上输入的不是换行，就一直处于输入状态。循环体为空语句。

5. 复合语句

用{}把一些语句括起来就构成了复合语句。在程序中应把复合语句看成单条语句，而不是多条语句。

例如：

```
{                              /*复合语句开始*/
  int i,j,k;                   /*复合语句中的单条语句*/
  i=9;
  j=7;
  k=i-j;
  printf("%d\n",k);
}                              /*复合语句结束，注意没有分号*/
```

这是一条复合语句，系统视其为一条语句。

注意：复合语句中最后一条语句后的分号不能忽略，而且在{}外不能加分号。

3.3　字符数据的输入与输出

C 语言标准函数库包含的常用输入、输出函数有：格式输出函数 printf、格式输入函数 scanf、单个字符输出函数 putchar 和单个字符输入函数 getchar 等。这里主要介绍 putchar 和 getchar 函数。

使用标准输入、输出库函数时要用到 stdio.h 文件，因此源文件开头应有以下预编译命令：

```
#include  <stdio.h>
```

或

```
#include  "stdio.h"
```

3.3.1 字符格式控制符

在使用 scanf 函数和 printf 函数输入、输出字符时，需要用到两类字符格式控制符。

1. c 格式符

c 格式符以字符形式输入或输出，只输入或输出一个字符。例如：

```
scanf("%c",&ch1);
```

如果从键盘输入 1 个字符 a，则 ch1 的值为'a'。
又如：

```
char ch2='b';
printf("ch2=%c\n",ch2);
```

则输出 ch2=b。

2. s 格式符

s 格式符用来在输出时输出字符串，在输入时输入字符串，将字符串送到一个字符数组中，输入时以非空白字符开始，以第一个空白字符结束。字符串以串结束标志'\0'作为其最后一个字符。

例 3.1　s 格式符的应用示例。从键盘输入多个字符，然后原样输出。

```
/*eg3.1.c*/
#include<stdio.h>
int main()
{
   char str[10];      /*定义一个字符数组 str,长度为 10 个字符*/
   printf("Input string:");
   scanf("%s",str);  /*读取一个字符数组，存放到变量 str 中*/
   printf("str=%s\n",str);
   return 0;
}
```

【问题分析】

main 函数中有 5 条语句，是顺序结构，各条语句按照先后顺序执行，语句“char str[10]; ”分配一个字符数组，语句“printf("Input string: "); ”输出字符“Input string: ”，语句“scanf("%s", str); ”等待用户从键盘输入一个字符序列，并按下回车键，语句“printf("str=%s\n", str);”输出刚才输入的字符序列。程序流程图如图 3-4 所示。

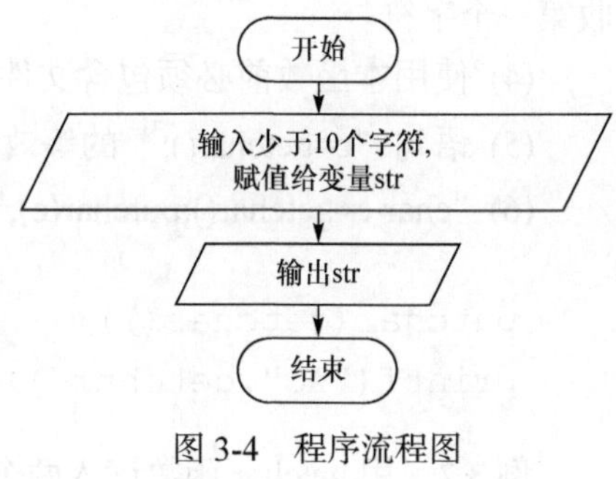

图 3-4　程序流程图

【运行结果】

```
Input string: country↙      (下划线内容为用户输入)
str=country
```

3.3.2　字符输入/输出函数

单个字符的输入和输出操作还可以使用 getchar 函数和 putchar 函数。

1. getchar 函数

getchar 函数是字符输入函数，从终端输入一个字符。函数一般形式为：

```
getchar()
```

函数的值就是从输入设备(键盘)得到的一个字符，包括可以显示在屏幕上的字符，也包括在屏幕上无法显示的字符，如回车符等控制字符。getchar 函数没有参数。如果想输入多个字符，则需要多次使用该函数。用 getchar 函数得到的字符可以赋值给一个字符变量或整型变量，也可以不赋值给任何变量，而是作为表达式的一部分，在表达式中利用它的值。通常把输入的字符赋予一个字符变量，构成赋值语句，如：

```
char c;
c=getchar();
int i;
i=getchar();
```

也可以直接使用该函数的值，例如：

```
printf("the inputed char is %c\n",getchar());
```

注意：

(1) 按回车键后，输入才生效。

(2) 此函数只能接收一个字符，而不是一个字符串。空格字符或控制字符(如换行符)都是合法输入字符。

(3) getchar 函数只能接收单个字符，输入数字也按字符处理。输入多于一个字符时，只接收第一个字符。

(4) 使用本函数前必须包含文件 stdio.h。

(5) 语句“c=getchar();”的等效语句为“scanf("%c", &c);”。

(6)“char c=getchar();putchar(c);”两语句可用下面两行的任意一条语句代替：

```
putchar(getchar());
printf("%c",getchar());
```

例 3.2 用 getchar 函数读入两个字符'a'和'b'，然后分别存入字符变量 c_1 和 c_2 中。

【问题分析】

可以使用顺序结构，首先使用 getchar 函数读取字符，然后使用 printf 函数输出字符。

main 函数中有 5 条语句，是顺序结构，各条语句按照先后顺序执行，语句“char c_1, c_2; ”定义两个字符变量，语句“c_1=getchar(); ”和语句“c_2=getchar(); ”分别等待用户从键盘输入字符，在按下回车键之后，从键盘读取字符。

【程序代码】

```
/*eg3.2.c*/
#include<stdio.h>
int main()
{
  char c1,c2;
  c1=getchar();                       /*输入第一个字符存入字符变量 c1 中*/
  c2=getchar();                       /*输入第二个字符存入字符变量 c2 中*/
  printf("c1=%c,c2=%c\n",c1,c2);  /*输出两个字符变量 c1 和 c2*/
  return 0;
}
```

【运行结果】

```
输入：ab↙
输出：c1=a,c2=b
```

其他运行实例：

如果输入 a↙，则 c_1 中放入'a'，c_2 中放入回车符。由于 c_1 和 c_2 都各自读到字符，并且读入表示输入结束的回车符，所以不需要读取第三个字符。

如果输入↙↙，则 c_1 中放入回车符，c_2 中放入回车符。语句“printf("c_1=%c, c_2=%c\n", c_1, c_2); ”在输出 c_1 和 c_2 的值时，变量 c_1 中的回车符是控制字符，所以在输出“c_1=↙”后换行。

2. putchar 函数

putchar 函数是字符输出函数，向终端输出一个字符，功能是在显示器上输出单个字符，函数一般形式为：

```
putchar(c)
```

输出字符 *c* 的值，*c* 可以是字符常量、整型常量、字符变量或整型变量。整型数据应该在 0～127 范围内。

注意：语句“putchar(*c*);”的等效语句为“printf("%c", *c*);”。

例如：

```
putchar('A');        //输出字符常量大写字母 A
x=65;putchar(x);    //输出 ASCII 码为整型变量 x 值所代表的字符,即大写字母 A
putchar('\101');    //也是输出字符 A
putchar('\n');      //换行
putchar('\t');      //输出横向制表符
```

注意：

(1) 对控制字符则执行控制功能，不在屏幕上显示。

(2) putchar(*c*)中的 *c* 也可以是字符型值或整型值。如：

```
putchar(getchar()+32);  //如果从键盘输入'A'，则输出'a'
```

(3) 使用本函数前必须要用文件包含命令：

```
#include<stdio.h>
```

或

```
#include "stdio.h"
```

(4) 字符变量占用 1 字节的内存空间，而整型变量占 2 字节(短整型)或 4 字节(长整型)。因此整型变量在可输出字符的范围内(ASCII 码为 0～127 的字符)时可以与字符数据互相转换，超出此范围则不能代替。

例 3.3　用 putchar 函数在屏幕上显示字符。

【问题分析】

main 函数中的所有语句组成顺序结构，按照先后顺序执行，分别是定义字符变量、字符变量赋值和输出字符变量的值。

【程序代码】

```
/*eg3.3.c*/
#include<stdio.h>
int main()
{
  char c1,c2,c3,c4,c5,c6;     /*定义六个字符变量 c1～c6*/
  c1='H';c2='e';c3='l';c4='l';c5='o';c6='!';/*给六个字符变量赋值*/
  putchar(c1);putchar(c2);putchar(c3);
```

```
  putchar(c4);putchar(c5);putchar(c6); /*分别输出六个字符变量的值*/
  return 0;
}
```

【运行结果】

```
Hello!
```

例 3.4　输入三个字符，然后反序输出。例如，输入“s12”，输出“21s”。

【问题分析】

采用顺序结构设计程序，首先定义三个变量，用于保存从键盘输入的三个字符，然后按照倒序输出各个变量的值。main 函数中的所有语句组成顺序结构，按照先后顺序执行，分别是定义字符变量、使用 getchar 函数为字符变量赋值和使用 putchar 函数输出字符变量的值。

【算法描述】

Step1：从键盘上输入三个字符，分别赋值给字符变量 x，y 和 z；

Step2：输出 z，y 和 x。

【程序代码】

```
/*eg3.4.c*/
#include<stdio.h>
int main()
{
  char x,y,z;
  printf("input 3 character:\n");
  x=getchar();y=getchar();z=getchar(); /*从键盘读取三个字符*/
  putchar(z);putchar(y);putchar(x);    /*将字符变量中的字符输出*/
  return 0;
}
```

【运行结果】

```
输入：Aa6↙
输出：6aA
```

3.3.3　程序举例

例 3.5　键盘输入两个整数给变量 i 和 j，输出 i 和 j 的值，然后将 i 和 j 的值交换，最后输出交换之后的 i 和 j 的值。

【问题分析】

本题最重要的部分是 i 和 j 的交换。一般情况下，i 和 j 的值是不能直接交换的，需要借助一个中间变量。设中间变量为 t，先将 i 的值保存到 t 中，然后把 j 的值赋给 i，最后把 t 的值赋给 j 即可完成 i 和 j 值的交换。使用顺序结构设计该程序。

【算法描述】

Step1：从键盘上输入两个整数，分别赋值给整型变量 i 和 j；

Step2：输出 i 和 j；

Step3：使用中间变量，交换 i 和 j 的值；

Step4：输出 i 和 j。

【程序代码】

```
/*eg3.5.c*/
#include <stdio.h>
int main()
{
 int i,j,t;
 printf("input i and j:");
 scanf("%d%d",&i,&j);                     /*从键盘上输入两整数给 i 和 j*/
 printf("origin:i=%d,j=%d\n",i,j);        /*输出 i 和 j 的值*/
 t=i;                                     /*这三行的功能是：*/
 i=j;                                     /*借用中间变量 t，交换*/
 j=t;                                     /*变量 i 和 j 的值*/
 printf("final:i=%d,j=%d\n",i,j);         /*输出 i 和 j 的值*/
 return 0;
}
```

【运行结果】

```
input i and j: 66  77↙
origin: i=66, j=77
final: i=77, j=66
```

例 3.6　从键盘上输入 A 和 Y 之间的某一字母(注意，是大写字母)，编程输出其后续字母的小写字母。例如，从键盘输入 A，则程序输出 b。

【问题分析】

查 ASCII 码表可知，一个字母的大写字母对应的 ASCII 码值加上 32 就是对应小写字母的 ASCII 码值，并且相邻字母的 ASCII 码递增连续。所以本题只需要将输入的大写字母 ASCII 码值加上 32+1 就是后续小写字母对应的 ASCII 码值。使用顺序结构设计各个语句。

如果从键盘输入非大写字母，则得不到所需要的结果。

【算法描述】

Step1：从键盘输入一个大写字母到变量 c_1 中；

Step2：使用 $c_1=c_1+32$ 将大写字母转换为小写字母；

Step3：c_2 存放后续小写字母 $c_2=c_1+1$；

Step4：输出 c_2。

【程序代码】

```
/*eg3.6.c*/
#include<stdio.h>
int main()
{
  char c1,c2;
  c1=getchar();   /*从键盘读取一个字符，存放到字符变量 c1 中*/
  c2=c1+1+32;     /*计算下一个字母对应的小写字母*/
  putchar(c2);    /*输出小写字母*/
  return 0;
}
```

【运行结果】

```
J↙
k
```

例 3.7　输入三位数的正数或负数，依次输出该数的正负符号和百位、十位及个位数字。

【问题分析】

设输入的带符号三位数为 *i*，其符号为 *s*，百位、十位和个位分别为 *x*，*y* 和 *z*。第一步判断该数是否小于 0，若是，则 *s*= “–”，否则 *s*= “+”；第二步将该数取绝对值，消除负数的符号造成的影响；第三步分离出百位、十位和个位。分离的方法是使用整除运算和取余运算。例如，345，345 除以 100 取整得百位 3，345 取 10 除以余得个位 5，然后将(345–3*100–5)除以 10 取整得十位 4。使用顺序结构设计各语句。其中，库函数 abs()用于计算一个数值的绝对值，要用到 math.h 文件。

如果键盘输入数值不符合条件，则得不到期望的输出结果。

【算法描述】

Step1：从键盘输入一个带符号的三位数到 *i*；

Step2：若 *i*<0 则 *s*= “–”，否则 *s*= “+”；

Step3：将 *i* 取绝对值 *i*=|*i*|；

Step4：计算百位 *x*=*i*/100；

Step5：计算个位 *z*=*i*%10；

Step6：计算十位 *y*=(*i*–*x**100–*z*)/10；

Step7：输出 *s*, *x*, *y*, *z*。

【程序代码】

```
/*eg3.7.c*/
#include<stdio.h>
#include<math.h>
int main()
```

```
{
  char s,x,y,z;
  int i;
  scanf("%d",&i);               /*从键盘读取一个整数*/
  s=(i>=0?'+':'-');             /*使用运算符“?:”判断符号*/
  i=abs(i);                     /*将 i 取绝对值，消除负号造成的影响*/
  x=i/100;                      /*使用整除运算，计算百位数*/
  z=i%10;                       /*使用求余运算，计算个位数*/
  y=(i-x*100-z)/10;             /*计算十位数*/
  printf("%c\n%d\n%d\n%d\n",s,x,y,z);
  return 0;
}
```

【运行结果】

```
-567↙
-
5
6
7
```

本 章 小 结

本章主要介绍结构化程序设计的三种基本结构，了解 C 语言中出现的一些语句，特别是赋值语句和表达式语句。掌握字符数据输入的两个函数 putchar 和 getchar 的使用方法，掌握顺序程序设计的基本方法。

第 4 章　选择结构程序设计

在第 3 章中利用顺序结构可以实现简单的程序设计，当问题的解决需要选择性地执行部分代码时，就需要使用选择结构进行程序设计。选择结构也称为分支结构，是结构化程序设计语言的基本结构之一。选择结构的基本思想是根据给定的判断条件，选择执行相应的分支语句。C 语言中主要使用 if 语句和 switch 语句实现选择结构。

4.1　关系运算符和关系表达式

1. 关系运算符

关系运算符都是双目运算符，功能是对运算符左右两侧的操作数进行比较运算，其运算结合方向均为自左向右。C 语言的关系运算符如表 4-1 所示。

表 4-1　关系运算符

关系运算符	相应的数学运算符	优先级	结合方向
<	<(小于)	高	自左向右
<=	≤(小于或者等于)		
>	>(大于)		
>=	≥(大于或者等于)		
==	=(等于)	低	
!=	≠(不等于)		

其中，关系运算符<、<=、>、>=的优先级相同，关系运算符==、!=的优先级相同。

2. 关系表达式

由关系运算符连接两侧的运算对象构成的式子称为关系表达式。运算对象可为常量、变量以及表达式，例如，$10>3$，$x<=5$，$a+b>c$，$(x-y)>(x+y)$，'a'=='b'等。在 C 语言中，关系表达式的运算结果只有整型值：1 或 0。当关系表达式成立时，运算结果为 1；当关系表达式不成立时，运算结果为 0。

例 4.1　$x=1$，$y=2$，$z=3$，求下面关系表达式的值。

(1) $x>y$，表达式不成立，表达式的值为 0。

(2) $(x+y)==z$，表达式成立，表达式的值为 1。

(3) $(z-y)<=x$，表达式成立，表达式的值为 1。

(4) $x!=y$，表达式成立，表达式的值为 1。

说明：

(1) 数学表达式向关系表达式的正确转换。例如，数学表达式 $0 \leqslant x \leqslant 2$ 不能用关系表达式 0<=*x*<=2 表示，因为 *x* 取任何值时，该关系表达式都成立，运算结果为 1。

(2) 运算符“= =”与“=”的区别，前者是判断两侧操作数是否相等的关系运算符，后者为赋值运算符。例如：

int *x*=1, *y*=2, *z*;

z=(*x*= =*y*)，则 *z* 的值为 0;

z=(*x*=*y*)，则 *z* 的值为 2。

4.2　逻辑运算符和逻辑表达式

1. 逻辑运算符

C 语言提供以下三种逻辑运算符(表 4-2)，其中“&&”和“||”为双目运算符，“!”为单目运算符。

表 4-2　逻辑运算符

逻辑运算符	优先级	结合方向
逻辑非 !	高 ↓	自右向左
逻辑与&&		自左向右
逻辑或||	低	

2. 逻辑表达式

逻辑表达式是用逻辑运算符将逻辑运算对象连接起来的式子。逻辑运算对象可为常量、变量以及表达式，例如，5||3，'a'&&'b'，!*x*，(*a*>*b*)&&(*b*<*c*)。逻辑表达式中的运算对象只有“真”(运算对象的值为非 0)和“假”(运算对象的值为 0)两种，C 语言用整型常量 1 表示“真”，0 表示“假”。在 C 语言中，逻辑表达式的值与关系表达式一样，仅有两种整型值：1 或 0，运算规则如表 4-3 所示。

表 4-3　逻辑运算真值表

X 的值	*Y* 的值	!*X*	*X*&&*Y*	*X* || *Y*
非 0	非 0	0	1	1
非 0	0	0	0	1
0	非 0	1	0	1
0	0	1	0	0

例 4.2　*x*= −4，*y*=5，求下面逻辑表达式的值。

(1) *x*&&*y*，则表达式的值为 1。

(2) !*x*，则表达式的值为 0。

(3) !*x*||*y*，则表达式的值为 1。

(4) !*x*&&*y*，则表达式的值为 0。

(5) *x*<=0&&*y*!=5，则表达式的值为 0。

(6) x<=0||y!=5，则表达式的值为 1。

说明：

(1) 运用逻辑运算符，实现数学表达式向 C 语言表达式的正确转换。例如，对于数学表达式 $0\leqslant x\leqslant 2$，其对应的 C 语言表达式应为 x>=0&&x<=2。

(2) 常用运算符的优先级关系如下：

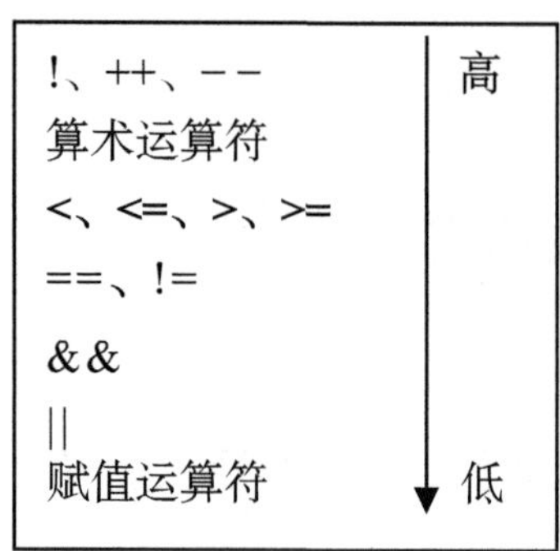

(3) 由“&&”或“||”构成的表达式可能产生“短路”现象，当“&&”运算符的左侧操作数为 0 时，不再计算右侧的运算对象；当“||”运算符的左侧操作数为 1 时，则不再计算右侧的运算对象。例如，当 a=0，b=1，c=2 时，对于逻辑表达式 a&&(c=8)，由于 a 的值为 0，则表达式 c=8 未被执行，c 的值为 2；对于逻辑表达式 b||(c=8)，b 的值为 1，则表达式 c=8 也未被执行，c 的值仍为 2。

4.3　选择语句——if 语句

4.3.1　if 语句的基本形式

1. 单分支控制选择语句——if 语句

(1) 语句格式。

```
if(表达式 E)
   语句
```

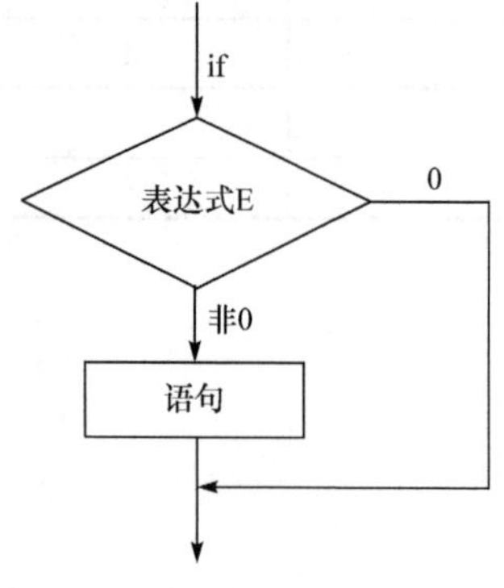

图 4-1　单分支控制选择结构

(2) 语句功能。if 是条件语句的关键词，首先计算表达式 E 的值，若计算结果非 0，则执行 if 子语句；若计算结果为 0，执行 if 语句的下一条语句。其执行流程如图 4-1 所示。

例 4.3　输入一个英文字母，若为小写字母，则转换为大写字母，并输出该字母；若为大写字母，则不进行处理，直接输出(大写英文字母比相应小写英文字母的 ASCII 码值小 32)。

【问题分析】

首先要考虑字符型数据的输入/输出，并利用大小写字母的 ASCII 码值对应关系进行转化。

【算法描述】

Step1：定义字符型变量 ch，存储输入的字母；

Step2：判断 ch>='a'&&ch<='z'是否成立，若是，ch=ch-32；

Step3：输出 ch；

Step4：算法结束。

【程序代码】

```
/*eg4.3.c*/
#include <stdio.h>
int main()
{
  char ch;
  printf("输入一个英文字母：");
  scanf("%c",&ch);
  if(ch>='a'&&ch<='z')        /*判断 ch 是否为小写字母*/
      ch=ch-32;               /*将小写字母转换为大写字母*/
  printf("%c",ch);
  return 0;
}
```

【运行结果】

```
输入一个英文字母：a↙
A
```

或者为：

```
输入一个英文字母：A↙
A
```

例 4.4　任意输入三个整数，将输入数据按从大到小的顺序输出。

【问题分析】

首先将输入数据分别存储在变量 x，y，z 中，将输入数据按从大到小的顺序调整后存储到变量 x，y，z 中，最后输出所有变量的值。

【算法描述】

Step1：输入数据；

Step2：判断 x 和 y 中值的大小，当 $x<y$ 成立时，将变量 x 与 y 的值互换；

Step3：判断 x 和 z 中值的大小，当 $x<z$ 成立时，将变量 x 与 z 的值互换；

Step4：判断 y 和 z 中值的大小，当 $y<z$ 成立时，将变量 y 与 z 的值互换；

Step5：输出数据；

Step6：算法结束。

【程序代码】

```
/*eg4.4.c*/
#include <stdio.h>
int main()
{
 int x,y,z,t;
 scanf("%d%d%d",&x,&y,&z); /*变量 x,y,z 中分别存储输入的数*/
 if(x<y) /*判断 x 和 y 的大小，当 x 比 y 小时，进行交换*/
 {
   t=x;
   x=y;
   y=t;
 }
 if(x<z)/*判断 x 和 z 的大小，当 x 比 z 小时，进行交换*/
 {
   t=x;
   x=z;
   z=t;
 }
 if(y<z) /*判断 y 和 z 的大小，当 y 比 z 小时，进行交换*/
 {
   t=y;
   y=z;
   z=t;
 }
 printf("%d,%d,%d",x,y,z);
 return 0;
}
```

【运行结果】

```
1□3□2↙
3,2,1
```

2. 双分支控制选择语句——if-else 语句

(1) 语句格式。

```
if(表达式 E)
```

```
  语句 1
else
  语句 2
```

(2) 语句功能。首先计算表达式 E 的值，若计算结果非 0，则执行语句 1；若计算结果为 0，则执行语句 2。其执行流程见图 4-2。

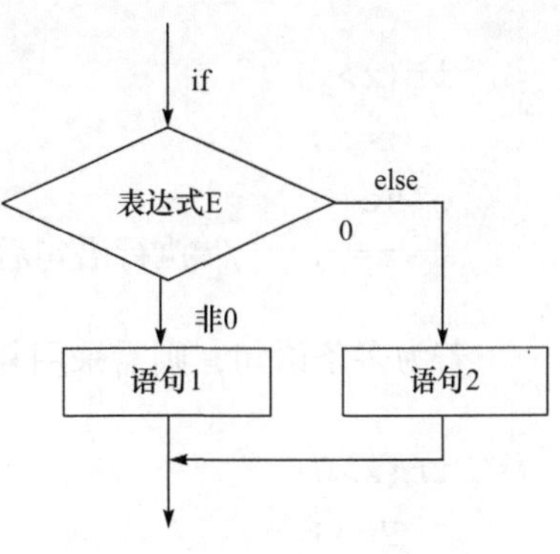

图 4-2　双分支控制选择结构

例 4.5　已知函数 $y=f(x)$，编程实现输入一个 x 值，输出 y 值。

$$f(x)=\begin{cases}0, & x\leqslant 0\\ 1.5, & x>0\end{cases}$$

【问题分析】

首先将输入数据存储在变量 x 中，利用 if-else 语句进行判断后输出相应结果。

【算法描述】

Step1：输入数据；

Step2：若 $x>0$ 成立，则 y 为 1.5；否则 y 为 0；

Step3：输出数据；

Step4：算法结束。

【程序代码】

```
/*eg4.5.c*/
#include <stdio.h>
int main( )
{
  float x,y;
  printf("输入 x: ");
  scanf("%f",&x);
  if(x>0) /*判断变量 x 的范围*/
       y=1.5;
  else
       y=0;
  printf("%.1f",y);
  return 0;
}
```

【运行结果】

```
输入 x: 5↙
1.5
```

说明：

(1) if 后面的表达式必须用括号括起来，一般为逻辑表达式或关系表达式，也可以是任意数值类型表达式。

(2) if 子句或 else 子句的执行语句若为一条语句，则该语句后的分号不能省略。例如：

```
if(x>y)
   z=x;
else
   z=y;    /*执行语句后的分号不能省略*/
```

若为多条语句，则需采用复合语句的形式。例如：

```
if(x>0)
   y=1;
   printf("%d",y);
else
   y=0;
   printf("%d",y);
```

以上语句为错误形式。由于 if 语句的执行部分由两条子语句构成，必须采用复合语句的形式，应改为：

```
if(x>0)
{
   y=1;
   printf("%d",y);
}
else
{
   y=0;
   printf("%d",y);
}
```

(3) else 子句必须与 if 配对使用，不能单独使用。else 子句没有判断功能，其后没有表达式。例如：

```
if(x>0)
   y=1;
else(x<0)
   y=0;
```

以上语句为错误形式。

4.3.2　if 语句的嵌套形式

在 if 语句的执行语句部分包含一条或多条 if 语句称为 if 语句的嵌套。

1. 一般形式

```
if(表达式 1)
   if(表达式 2)语句 1
   else 语句 2
else
   if(表达式 3)语句 3
   else 语句 4
```

2. “就近配对”原则

else 与 if 的“就近配对”原则是：相距最近并且未配对的 if 和 else 首先配对。
基本形式如下：

```
if(表达式 1)
   if(表达式 2)语句 1
   else 语句 2
else
   if(表达式 3)语句 3
   else 语句 4
```

例如：

```
if(n>0)
   if(n<10)
    printf("0<n<10");
else
   printf("n<=0");
```

根据“就近配对”原则，else 与上层最近的未配对 if 构成 if-else 语句。上述语句等价于：

```
if(n>0)
    if(n<10)
       printf("0<n<10");
    else
       printf("n<=0");
```

对于 $n\leqslant 0$ 的数，无任何输出结果；当 $n\geqslant 10$ 时，输出“n<=0”。这与输出的含义不符，因此，可将上例改为：

```
if(n>0)
{
  if(n<10)
   printf("0<n<10");
}
else
  printf("n<=0");
```

{}可以限定内嵌 if 语句的范围，else 不能与{}内的 if 配对，因此与第一个 if 配对。

例 4.6　已知函数 $y=f(x)$，编程实现输入一个 x 值，输出 y 值(保留两位小数)。

$$f(x)=\begin{cases}2x-1, & x<0\\ 0, & x=0\\ \dfrac{1}{x^2}, & x>0\end{cases}$$

【问题分析】

首先将输入数据存储在变量 x 中，利用嵌套的 if-else 语句进行判断后输出相应结果(请注意数学表达式需正确转换为 C 语言的表达式)。

【算法描述】

Step1：输入数据；

Step2：若 $x<0$ 成立，则 $y=2x-1$；否则，再进一步分为 x 等于 0 和 x 大于 0 两种情况进行判断；

Step3：输出数据；

Step4：算法结束。

【程序代码】

```
/*eg4.6.c*/
#include <stdio.h>
int main( )
{
 float x,y;
 printf("输入 x: ");
 scanf("%f",&x);
 if(x<0) /*判断变量 x 的范围*/
   y=2*x-1;
 else
   if(x==0)
     y=0;
   else
     y=1/(x*x);
```

```
 printf("%.2f",y);
 return 0;
}
```

【运行结果】

```
输入 x: 2↙
0.25
```

说明：利用 if 语句的嵌套形式编程时，同一问题可能有多种等价的表达形式。例如，对于例 4.6，列举两种等价形式。

```
if(x>0)
  y=1/(x*x);
else
  if(x==0)
    y=0;
  else
    y=2*x-1;
```

```
if(x!=0)
  if(x<0)
    y=2*x-1;
  else
    y=1/(x*x);
else
  y=0;
```

4.3.3　条件运算符

条件运算符是 C 语言提供的唯一的三目运算符，它由两个运算符组成，即“?”和“:”，条件表达式的一般形式为：

```
表达式 1? 表达式 2: 表达式 3
```

条件表达式的运算过程为：首先求表达式 1 的值，若运算结果非 0，则将表达式 2 的值作为条件表达式的值；若运算结果为 0，则将表达式 3 的值作为条件表达式的值。条件运算符的优先级仅高于赋值运算符和逗号运算符，结合方向是自右向左。条件表达式的执行流程见图 4-3。

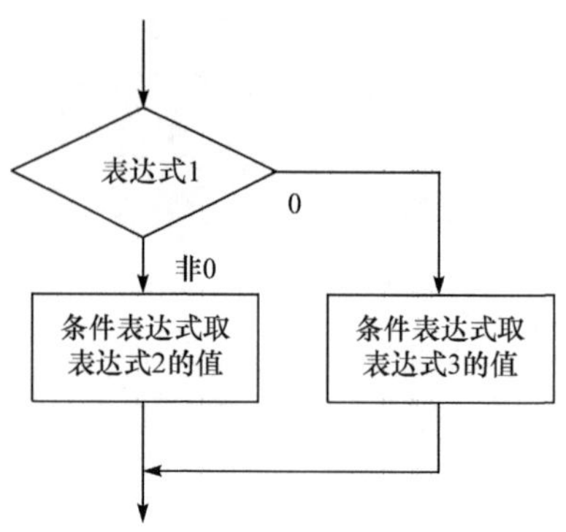

图 4-3　条件表达式的执行流程

条件运算符可以简化选择结构的表示。例如：

```
if(x<y)
    min=x;
else
    min=y;
```

可改写为：

```
min=x<y?x:y;
```

4.4　选择语句——switch 语句

在实际问题的处理中，往往会面对需要针对多种情况进行分支选择的情况。虽然使用嵌套的if语句可以处理，但在嵌套层数过多时，可能会产生编写烦琐、程序可读性差等问题。switch语句是一种多分支选择语句，可以较好地解决上述问题。

1. 语句格式

```
switch(表达式 E)
{
  case  常量表达式 1:
      语句序列 1; [break;]
  ……
  case  常量表达式 i:
      语句序列 i; [break;]
  case  常量表达式 i+1:
      语句序列 i+1; [break;]
  ……
  case  常量表达式 n:
```

```
        语句序列 n; [break;]
    [default: 语句序列 n+1;]
}
```

2. 语句功能

switch 是多分支语句的关键词，首先计算其后表达式 E 的值，将所得的计算结果与每个 case 分支中常量表达式 *i* 的值依次进行匹配。当找到与其相等的常量表达式 *i* 时，就执行相应 case 分支中的语句序列 *i*。若语句序列 *i* 中存在 break 语句，在执行 break 语句后退出 switch 语句；否则，执行语句序列 *i* 后，继续顺次执行语句序列 *i*+1，…，语句序列 *n*，以及语句序列 *n*+1。

例 4.7　变量 season 取 1～4 的整数，分别代表一年的四季，从键盘接收 *x* 的值，输出相应的季节。

【问题分析】

首先将输入数据存储在变量 season 中，利用 switch 语句进行判断后输出相应结果。

【算法描述】

Step1：输入数据；

Step2：利用多分支选择 switch 语句进行判断；

Step3：输出数据；

Step4：算法结束。

【程序代码】

```
/*eg4.7.c*/
#include <stdio.h>
int main( )
{
 int season;
 printf("输入 season: ");
 scanf("%d",&season);
 switch(season)
 {
   case 1: printf("spring\n");break;
   case 2: printf("summer\n");break;
   case 3: printf("autumn\n");break;
   case 4: printf("winter\n");break;
   default: printf("error\n");
 }
return 0;
}
```

【运行结果】

```
输入 season: 2↙
summer
```

例 4.8 输入百分制的分数，输出对应的成绩等级。其中：A 对应 90 分及以上，B 对应 70～89 分，C 对应 60～69 分，D 对应 60 分以下。

【问题分析】

首先将输入数据存储在变量 score 中，利用 switch 语句进行成绩等级的判断，输出相应的等级。

【算法描述】

Step1：输入成绩；

Step2：利用多分支选择 switch 语句进行判断；

Step3：输出等级；

Step4：算法结束。

【程序代码】

```
/*eg4.8.c*/
#include <stdio.h>
int main( )
{
 int score;
 printf("输入分数(0-100): ");
 scanf("%d",&score);
 switch(score/10)
 {
  case 10:
  case 9: printf("A\n");break;  /*分数大于等于 90 分*/
  case 8:
  case 7: printf("B\n");break;  /*分数大于等于 70 分且小于 90 分*/
  case 6: printf("C\n");break;  /*分数大于等于 60 分且小于 70 分*/
  case 5:
  case 4:
  case 3:
  case 2:
  case 1:
  case 0: printf("D\n");break;  /*分数低于 60 分*/
  default: printf("error\n");
 }
return 0;
}
```

【运行结果】

```
输入分数(0-100)：78↙
B
```

说明：

(1) case 分支中的常量表达式不应包含变量，一般不会为关系表达式或逻辑表达式。注意，不要将 switch 语句与 if 语句使用混淆。下面给出一类典型的错误形式：

```
switch(x)
{
  case score>=90&&score<=100: printf("A\n");break;
  case score>=70&&score<90: printf("B\n");break;
  case score>=60&&score<70: printf("C\n");break;
  case score<60: printf("D\n");break;
  default: printf("error");
}
```

(2) 若 case 分支中无 break 语句，则表达式与 case 分支进行一次匹配后不再判断，执行后面的语句直到结束。例如：

```
switch(x)
{
  case 1: printf("spring");
  case 2: printf("summer");
  case 3: printf("autumn");
  case 4: printf("winter");
}
```

若输入 2，则输出：

```
summer autumn winter
```

本 章 小 结

本章介绍了与选择控制结构相关的运算符，包括关系运算符、逻辑运算符以及条件运算符，并着重介绍了两种选择语句：if 语句和 switch 语句。if 语句与 switch 语句用法的主要区别是：if 语句主要处理分类选择较少的情况，而 switch 语句主要处理分类选择较多的情况。if 语句根据表达式的值是 0 或非 0，选择相应的分支语句；switch 语句将表达式的值与 case 分支中常量表达式匹配，以决定执行相应的 case 分支。

第 5 章　循环结构程序设计

前面介绍了顺序结构和选择结构，而利用程序设计思想进行实际问题的处理过程中，往往存在着有规律的重复性结构，可以采用循环结构控制代码的重复执行。循环结构也称为重复结构，是结构化程序设计语言的基本结构之一。循环结构的基本思想是根据给定的判断条件，重复执行相应的循环体语句，直到条件不成立为止。C 语言中主要使用 while，do-while，for 三种循环语句。

5.1　循环语句——while 语句

1. 语句格式

```
while(表达式 E)
    语句
```

2. 语句功能

while 是循环语句的关键词，首先计算表达式 E 的值，若计算结果非 0，执行循环体语句，重复上述过程；直到表达式的值为 0，循环中止，继续执行 while 循环结构的下一条语句。其执行流程如图 5-1 所示。其中，表达式 E 是循环条件，语句为循环体。循环体可以是空语句、单条语句，也可以是由多条语句组成的复合语句。

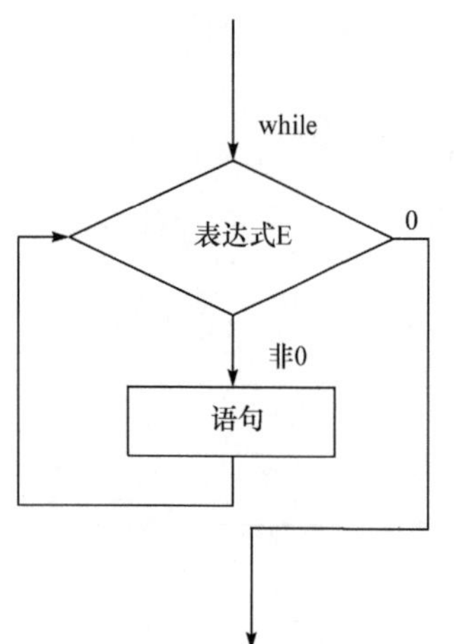

图 5-1　while 语句的执行流程

例 5.1　从键盘输入 n，计算并输出 1+1/2+1/3+…+1/n 的值。

【问题分析】

该问题是重复累加的求和过程，且被累加项分子均为 1，分母从 1 开始，每次增 1，直到 n，可以用循环语句来实现累加过程。注意：C 语言中两个整型数据相除，结果取整。

【算法描述】

Step1：输入 n 的值；

Step2：初始化求和变量 sum 与循环变量 i，sum 赋值为 0，i 赋值为 1；

Step3：判断 $i \leqslant n$ 是否成立，若成立，转 Step4；否则，转 Step7；

Step4：sum=sum+1/i；

Step5：i++；

Step6：转 Step3；

Step7：输出 sum；

Step8：算法结束。

【程序代码】

```
/*eg5.1.c*/
#include <stdio.h>
int main( )
{
  int i,n;
  float sum;
   printf("输入 n: ");
   scanf("%d",&n);
   sum=0;
   i=1;
   while(i<=n)
   {
      sum=sum+1/(float) i;//为避免被累加项取整后为 0，此处对变量 i
                                          进行强制类型转换
      i=i+1;
   }
   printf("%.2f", sum);
   return 0;
}
```

【运行结果】

```
输入 n: 3↙
1.83
```

例 5.2　输入 n 个整数，输出其中正数的个数。

【问题分析】

对于每次输入的数据，判断其正负性；用变量 t 存储正数的个数，若为正整数，t 增 1，可以用循环结构实现。

【算法描述】

Step1：输入 n 的值；

Step2：初始化正数个数变量 t 和循环变量 i，t 赋值为 0，i 赋值为 1；

Step3：判断 $i \leqslant n$ 是否成立，若成立，转 Step4；否则，转 Step8；

Step4：输入一个整数；

Step5：若为正整数，t++；

Step6：i++；

Step7：转 Step3；

Step8：输出 t；

Step9：算法结束。

【程序代码】

```
/*eg5.2.c*/
#include <stdio.h>
int main()
{
   int i,t,n,x;
   printf("输入 n: ");
   scanf("%d",&n);
   t=0;
   i=1;
   while(i<=n)
   {
     scanf("%d",&x);
     if(x>0)
     t++;
     i++;
   }
   printf("%d",t);
   return 0;
}
```

【运行结果】

```
输入 n: 5↙
3 -2 6 -9 0 2
```

3. 说明

(1) while 后面的表达式可以是任意类型的表达式，但一般是关系表达式或逻辑表达式。

(2) 循环中的执行语句称为“循环体”，可以是任何语句。循环体如果包含一条以上的语句，应该用花括号括起来，以复合语句形式出现。

5.2　循环语句——do-while 语句

1. 语句格式

do-while 语句的一般形式为：

```
do
{
  语句
}
while(表达式 E);
```

2. 语句功能

do-while 语句与 while 语句的不同在于：先执行一次循环体语句，再计算表达式 E 的值，若计算结果非 0，执行循环体语句，重复上述过程；直到表达式的值为 0，循环中止，继续执行 while 循环结构的下一条语句。其执行流程如图 5-2 所示。

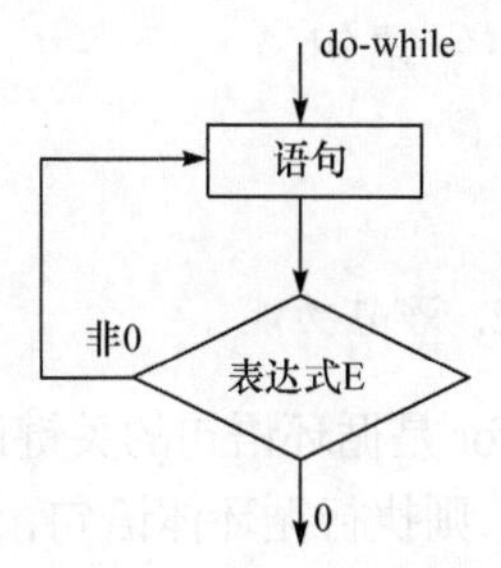

图 5-2　do-while 语句的执行流程

例 5.3　while 和 do-while 语句比较举例。

```
/*eg5.3-1.c*/
#include <stdio.h>
main()
{
 int x,sum=1;
 printf("input:");
 scanf("%d",&x);
 while(x<=10)
 {
    sum=sum*x;
    x++;
 }
 printf("%d\n",sum);
}
```

```
/*eg5.3-2.c*/
#include <stdio.h>
main()
{
 int x,sum=1;
 printf("input:");
 scanf("%d",&x);
 do
 {
   sum=sum*x;
   x++;
 }while(x<=10);
 printf("%d\n",sum);
}
```

【运行结果】

```
input:10        input:11
10              1
```

```
input:10        input:11
10              11
```

3. 说明

(1) while 语句和 do-while 语句在一般情况下可以互相代替。

(2) do-while 语句的循环体至少执行一次，而 while 语句的循环体可能一次也不执行。

5.3　循环语句——for 语句

1. 语句格式

for 语句的一般形式为：

```
for(表达式 1;表达式 2;表达式 3)
{
```

```
    语句
}
```

2. 语句功能

for 是循环语句的关键词，首先计算表达式 1，然后计算表达式 2，若表达式 2 的计算结果非 0，则执行循环体语句，再计算表达式 3；重复上述过程；直到表达式 2 的值为 0，循环中止，继续执行 for 循环结构的下一条语句。其执行流程如图 5-3 所示。

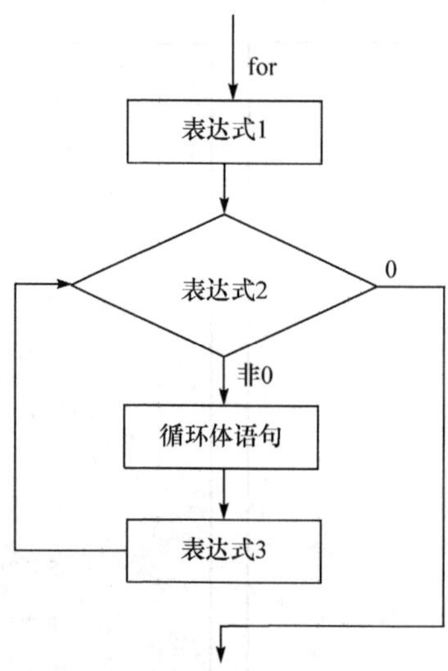

图 5-3　do-while 语句的执行流程

对于 for 语句的一般形式，等价的 while 语句形式为：

```
表达式 1;
while(表达式 2)
{
  语句
  表达式 3;
}
```

例 5.4　利用 for 语句，编程实现例 5.1。

【程序代码】

```
/*eg5.4.c*/
#include <stdio.h>
int main()
{
  int i,n;
  float sum;
```

```
    printf("输入 n: ");
    scanf("%d",&n);
    sum=0;
    for(i=1; i<=n; i=i+1)
        sum=sum+1/(float) i;
    printf("%.2f",sum);
    return 0;
}
```

for 语句的使用比较灵活，相关说明如下。

(1) 表达式的常见形式及使用如表 5-1 所示。

表 5-1　for 语句中表达式的常见形式

表达式	作用	常用形式	举例	

表达式 1	循环变量赋初值	赋值表达式、逗号表达式等	sum=0;
			for(i=1;i<=10;i++)
			{
			sum=sum+i;
			}
				for(i=1,sum=0;i<=10;i++)
				{
				sum=sum+i;
				}

表达式 2	循环结束的判断	关系表达式、逻辑表达式等	sum=1;
			for(i=1;i<=10;i++)
			{
			sum=sum*i;
			}
				sum=1;
				for(i=1,j=10;i<=10&&j>=5;i++,j--)
				{
				sum=sum*i;
				}

表达式 3	循环变量的控制	赋值表达式、逗号表达式等	sum=0;
			for(i=1;i<=100;i=i+2)
			{
			sum=sum+i;
			}
				sum=0;
				for(i=1,j=10;i<=j;i++,j--)
				{
				sum=sum+i*j;
				}

(2) for 语句中的“表达式 1”、“表达式 2”和“表达式 3”均可省略，但两个“;”都不能省略，如表 5-2 所示。

表 5-2　for 语句中表达式的省略用法

情况分类	一般的处理方法	形式

省略表达式 1	可在 for 语句之前给循环变量赋初值	表达式 1;
		for(;表达式 2;表达式 3)
		{
		循环体语句;
		}

续表

情况分类	一般的处理方法	形式

省略表达式 2	可在循环体内使用 break 语句	for(表达式 1;;表达式 3)
		{
		　if(表达式 2)
		　　break;
		　语句;
		}

省略表达式 3	可在循环体中进行循环变量的控制	for(表达式 1; 表达式 2;)
		{
		　语句;
		　表达式 3;
		}

例 5.5　求出所有的水仙花数(各位数字立方之和等于数本身的三位整数)并输出。

【问题分析】

对每个三位数，分别求出个位、十位和百位对应的数字，并利用循环结构进行判断。

【算法描述】

Step1：初始化存储所选三位数的变量 n，n 赋值为 100；

Step2：判断 $n \leqslant 999$ 是否成立，若成立，转 Step3；否则，转 Step7；

Step3：求出百位、十位和个位对应的数字，分别存储在变量 x，y 和 z 中；

Step4：若满足表达式 $x*x*x+ y*y*y+ z*z*z= =n$，则输出 n；

Step5：n++；

Step6：转 Step2；

Step7：算法结束。

【程序代码】

```
/*eg5.5.c*/
#include <stdio.h>
int main()
{
 int n,x,y,z;
 for(n=100;n<=999;n++)
 {
   x=n/100;                          //n 的百位
   y=n%100/10;                       //n 的十位
   z=n%10;                           //n 的个位
 if(x*x*x+y*y*y+z*z*z==n)            //注意“==”的使用，不要与赋值运算
                                       符“=”混淆
    printf("%5d",n);
```

```
  }
  return 0;
}
```

5.4　嵌套循环

如果一个循环体内又包含另一个完整的循环结构，称为嵌套循环。外层循环执行一次，内层循环全部执行完，直到外层循环执行完毕，整个循环结束。内嵌的循环语句中还可以嵌套循环语句，这称为多层循环。

例 5.6　从键盘输入 n，计算并输出 1!+2!+…+n!的值。

【问题分析】

该问题是重复累加的求和过程，且被累加项为变量 x 的阶乘，x 从 1 开始，每次增 1，直到 n，可以用嵌套结构的循环语句来实现累加过程。

【算法描述】

Step1：输入 n 的值；

Step2：x 赋值为 1；s 赋值为 0；

Step3：判断 $x \leqslant n$ 是否成立，若成立，转 Step4；否则，转 Step13；

Step4：i 赋值为 1；

Step5：t 赋值为 1；

Step6：判断 $i \leqslant x$ 是否成立，若成立，转 Step7；否则，转 Step10；

Step7：t=t*i；

Step8：i++；

Step9：转 Step6；

Step10：s=s+t；

Step11：x++；

Step12：转 Step3；

Step13：输出 s；

Step14：算法结束。

【程序代码】

```
/*eg5.6.c*/
#include <stdio.h>
int main()
{
  int i,t,x,n,s;
  printf("输入 n: ");
  scanf("%d",&n);
  s=0;
  for(x=1;x<=n;x++)
```

```
  {
    t=1;
    for(i=1;i<=x;i++)
    t=t*i;
    s=s+t;
  }
  printf("%d",s);
  return 0;
}
```

说明：前述的三种循环语句(while 语句、do-while 语句以及 for 语句)都可以互相嵌套，且可以嵌套多层，但注意每一层循环逻辑上的完整性。例 5.6 的循环语句部分还可以改写为：

```
for(i=1;i<=n;i++)
{
  t=1;
  j=1;
  while(j<=i)
  {
    t=t*j;
    j++;
  }
  s=s+t;
}
```

例 5.7　利用嵌套循环结构，实现例 5.5。

【程序代码】

```
/*eg5.7.c*/
#include <stdio.h>
int main()
{
 int x,y,z;
 for(x=1;x<=9;x++)                         //三位数的百位
   for(y=0;y<=9;y++)                       //三位数的十位
     for(z=0;z<=9;z++)                     //三位数的个位
       if(x*x*x+y*y*y+z*z*z==100*x+10*y+z)
```

```
                                              //水仙花数的判断
            printf("%4d",100*x+10*y+z);
    return 0;
}
```

5.5　break 语句和 continue 语句

下面介绍循环结构中使用的两种重要控制语句：break 语句和 continue 语句。这两种语句都能起到结束循环的作用，其中 break 语句能终止并跳出其所在的循环结构，而 continue 语句仅跳过本次循环体中尚未执行的语句，进行下一次循环的判断。

5.5.1　break 语句

break 语句除了可用于 switch 结构，还可用于 while 语句、do-while 语句以及 for 语句的循环体中。第 4 章中已说明 break 语句的作用是使执行流程跳出 break 语句所在的 switch 语句结构，在循环结构中也可以使用 break 语句，其作用是使执行流程跳出 break 语句所在的循环结构，从而提前结束本层循环。

break 语句在循环体中的常见应用形式如下：

```
for(e1;e2;e3)
{
    ......
    if(e)
          break;
    ......
}
语句
```

```
for(e1;e2;e3)
{
    ......
    while(e4)
    {
      if(e)
      break;
      ......
    }
语句
}
语句
```

说明：

(1) 在 C 语言中，break 语句只使用于 switch 语句和 while 语句、do-while 语句以及 for 语句的循环体中。

(2) break 只终止并跳出包含它的最内层循环体语句，并终止该层的循环。

例 5.8　输入整数 $n(n\geqslant1)$，判断 n 是否为素数。

【问题分析】

素数的定义是，只能被 1 和它本身整除的正整数。所以，可用循环控制变量 i 表示 $2\sim n-1$

的所有整数，依次判定 *n*%*i* 是否为 0。对于任何 *n*，只要找到一个除 1 和它本身之外的因子，即可判定其为非素数，可用 break 语句提前结束循环。

【算法描述】

Step1：输入 *n*；

Step2：*i* 赋值为 2；

Step3：将标识变量 flag 赋值为 0；

Step4：判断 *i*≤*n*−1 是否成立，若成立，转 Step5；否则，转 Step8；

Step5：若满足 *n*%*i*= =0，令 flag 为 1，且执行 break 语句；

Step6：*i*++；

Step7：转 Step4；

Step8：若 flag 为 0，*n* 为素数，否则为非素数；

Step9：算法结束。

【程序代码】

```
/*eg5.8.c*/
#include <stdio.h>
int main()
{
  int n,i,flag=0;
  printf("输入 n: ");
  scanf("%d",&n);
  flag=0;
  for(i=2;i<n;i++)
    if(n%i==0)        //i 是 n 的因子
    {
     flag=1;
     break;
    }
  if(!flag)        //通过标识变量 flag 的值判断 n 是否为素数
  printf("%d 是素数",n);
  else
  printf("%d 是非素数",n);
  return 0;
}
```

【运行结果】

```
输入 n: 9↙
9 是非素数
输入 n: 7↙
7 是素数
```

5.5.2 continue 语句

continue 语句只用于 while 语句、do-while 语句以及 for 语句的循环体中。其作用是使执行流程跳过 continue 语句后面尚未执行的语句，结束本次循环的执行，进行下一次循环的判断。

continue 语句在循环体中的常见应用形式如下：

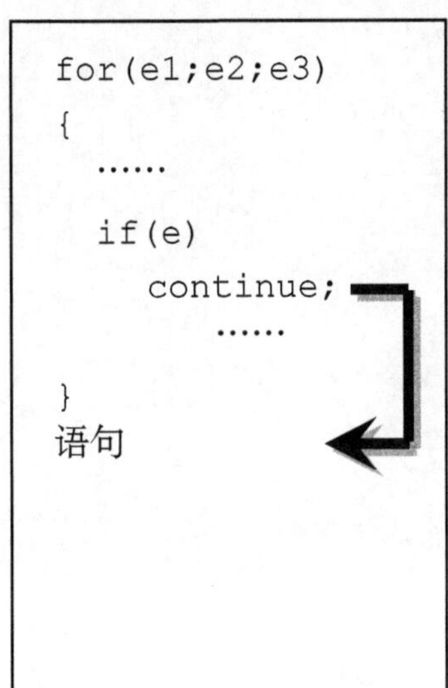
for(e1;e2;e3)
{
……
if(e)
continue;
……
}
语句

```
for(e1;e2;e3)
{
  ……
  while(e4)
  {
    if(e)
    continue;
      ……
  }
  语句
}
语句
```

说明：

(1) continue 语句仅用于循环体中，一般与选择语句配合使用。

(2) 在嵌套循环时，continue 语句只对包含它的最内层循环体语句起作用。

例 5.9　输入 n 个整数，求其中正数之和。

【问题分析】

对于每次输入的数据，判断其正负性；用变量 s 存储正整数之和，若为正整数，累加到变量 s，否则跳过累加操作。可以用循环结构配合 continue 语句实现。

【算法描述】

Step1：输入 n 的值；

Step2：初始化正数个数变量 t 和循环变量 i，s 赋值为 0，i 赋值为 1；

Step3：判断 $i \le n$ 是否成立，若成立，转 Step4；否则，转 Step9；

Step4：输入一个整数 x；

Step5：若不为正整数，转 Step7；

Step6：$s=s+x$；

Step7：i++；

Step8：转 Step3；

Step9：输出 s；

Step10：算法结束。

【程序代码】

```
/*eg5.9.c*/
#include <stdio.h>
```

```
int main()
{
 int i,n,s,x;
 printf("输入 n: ");
 scanf("%d",&n);
 s=0;
 for(i=1; i<=n; i++)
 {
   scanf("%d",&x);
   if(x<=0)
   continue;
   s=s+x;
 }
 printf("%d",s);
 return 0;
}
```

本 章 小 结

本章主要介绍了 C 语言中的三种循环语句：while，do-while，for 语句。这三种循环语句共同的特点是：当循环控制条件成立时，执行循环体，否则终止循环。while 语句和 for 语句先判断循环控制条件后执行循环体，do-while 语句先执行循环体后判断循环控制条件。因此，while 语句和 for 语句的循环体可能一次也不执行，而 do-while 语句的循环体至少要执行一次。

三种循环可以处理同一问题，一般情况可以互相代替。但在实际应用中，要根据具体情况来选用不同的循环语句。选用的一般原则如下：①如果循环次数在执行循环体之前就已确定，一般用 for 语句；如果循环次数是根据循环体的执行情况确定的，一般用 while 语句或者 do-while 语句；②当循环体至少执行一次时，用 do-while 语句；否则，用 while 语句或 for 语句。

嵌套循环指在一个循环体内可以包含另一个完整的循环结构。前面介绍的三类循环语句都可以互相嵌套，嵌套循环可以有多层，但每一层循环在逻辑上必须完整。另外，还要注意 break 语句和 continue 语句对循环控制的影响是不同的。

第6章　函　数

模块化程序设计方法常用于解决较为复杂的问题,C 语言借助库函数和自定义函数构建程序，将一个复杂问题分解成若干简单问题，从而问题得以轻松解决。函数是 C 语言程序的基本组成单位，它是实现特定功能、具有特定格式的一个程序段。本章主要介绍函数有关的一些基本概念，以及函数的定义和调用规则等。

6.1　函 数 概 述

6.1.1　模块化程序设计思想

模块化思想早在古代的时候就已经出现，我国的四大发明之一——活字印刷术便体现了早期的模块化设计的思想。模块化思想是将具有独立个性的个体按不同需要进行新的组合，现代工业中的模块化设计最早在欧洲被提出，20 世纪初，德国的一个家具公司诞生了最早按模块化原理设计的产品，设计了几种不同尺寸的架体、底座和顶板的构件，用它们可以组成满足不同使用者需要的不同规格尺寸的“理想书架”。这种模块化设计的原理和方法在众多行业得到了广泛的应用，程序设计领域也不例外。

在设计解决复杂问题的程序时，通常将原问题分解成若干个易于求解的小问题，每个小问题都用一个相对独立的程序模块来处理。接着，将所有的模块像搭积木一样拼在一起，形成一个完整的程序，这是结构化程序设计中的一条重要原则。这种在程序设计中分而治之的策略，称为模块化程序设计方法。显然，在模块化程序设计中，程序模块要求被分解得较为合理，通用的原则是“高内聚、低耦合”。这就是说，模块与模块之间尽可能地使其独立存在。每个模块要尽可能独立完成某个特定的子功能，与此同时，模块与模块之间的接口要尽量少而简单。如果两个模块间的关系比较复杂，应该考虑进一步模块划分，这样才有利于修改和组合。几乎所有的高级程序设计语言都提供了模块化程序设计方法的工具。在 C 语言中，函数是程序的基本组成单位，我们可以很方便地利用函数来实现程序的模块化。图 6-1 所示是某电话银行的语音导航图。

图 6-1　某电话银行语音导航图

该系统程序的一种实现方案是：

```
int key;
while(1)                                        //等待用户输入
{
  scanf("%d",&key);                             //接收输入
```

```
    switch(key)                                //根据用户输入采取相应
                                                 操作
    {
      case 1:  Self_svc();break;               //自助服务
      case 2:  Manual_svc();break;             //人工服务
      case 3:  Loss_rpt();break;               //挂失
      case 4:  Payment();break;                //缴费
      case 5:  Enterprise_svc();break;         //企业服务
      case 6:  Creditcard_svc();break;         //信用卡服务
      ……
      case 0:  English_svc();break;            //for English
      default:  Error();                       //异常输入处理
    }
  }
```

上述代码中的 Self_svc、Manual_svc、English_svc、Error 等都是函数。我们还可以把程序中需要多次执行的计算或者操作编写成通用的函数(模块)，以备需要时调用。显然，模块化可以使程序设计变得简单、直观，同时提高了程序的易读性和易维护性，有利于提高软件开发效率、降低开发成本。

6.1.2　函数的基本概念

一个 C 语言程序总是从 main 函数的第一条语句开始执行，执行至 main 函数的最后一条语句终止。通过函数调用可以实现不同函数之间的逻辑联系。main 函数是 C 程序中最为特殊的一个函数，其他函数的调用都直接或间接依赖于它。在 main 函数中，语句的先后执行顺序能实现程序的逻辑控制，如 main 函数中可能会调用函数 fun1，fun1 调用 fun2。这种函数间互相调用的机制称作函数的嵌套调用。当然，fun2 也可以在函数体内反过来调用 fun1，或者某个函数 fun 直接调用 fun 自身，这种特殊的嵌套调用称作函数的递归调用。有关函数的嵌套调用与递归调用的具体细节，将在本章后面部分阐述。

需要注意的是，在 C 语言中，函数是一些相对独立的程序模块，所有函数都是平等的，不存在从属关系。函数的作用是将一段计算抽象出来，使之封装成为程序中的一个独立实体。函数的抽象机制有如下益处。

(1) 重复出现的程序片段被定义为一个唯一的函数，程序变得简短而清晰。

(2) 由于程序中同样的计算片段仅描述一次，需要改造这部分计算时，唯一修改的地方就是函数的定义，程序的其他地方可能完全不需要修改。

(3) 函数的抽象形成对程序复杂性的一种分解，使人在程序设计中可以孤立地考虑函数本身的定义与使用，有可能提高程序开发的效率。

(4) 把具有独立逻辑意义的计算片段定义为函数后，函数可以看成在更高层次上的程序的基本操作。一层一层的函数定义可以使人站在一个个抽象层次上看待和把握程序的意义，这对于开发大的软件系统相当重要。

6.1.3 库函数与用户自定义函数

1. 库函数

1) 常用的系统库函数

C 语言是一种比较简洁的语言，其基本部分较小，例如，语言本身甚至没有提供输入/输出功能的结构。C 程序所需要的许多东西都是通过函数方式提供的。每个 C 系统都带有一个相当大的函数库，其中以函数方式提供了许多程序中常用的功能。ANSI C 标准对函数库做了规范化，总结出一批最常用的功能，定义了标准库。现在，每个 C 系统都提供了标准库函数，供人们开发 C 程序时使用。标准库的功能通过一批头文件描述，如标准输入/输出函数、数学函数、字符串处理函数、其他函数等。如果要使用标准库的功能，就需要用#include 命令引进相应头文件，否则将无法实现库函数的正确调用。表 6-1 给出了常用的系统库函数以及使用实例。

表 6-1 常用的系统库函数以及使用实例

函数种类	头文件	函数名	函数功能	函数使用实例
标准输入/输出函数	stdio.h	putchar	输出指定字符	Putchar('A');
		getchar	返回键盘上键入的字符	ch=getchar();
		printf	格式化输出函数	printf("%d", 3*5);
		scanf	格式化输入函数	int a; scanf("%d", &a);
数学函数	math.h	abs	返回整型数据的绝对值	int *x*, *y*= −2; *x*= abs(*y*); //*x*=2
		fabs	返回实型数据的绝对值	double *x*, *y*= −2.5; *x*=fabs(*y*); //*x*=2.5
		sin	返回弧度数的正弦值	double pi=3.14, *x*; *x*=sin(pi/2); //*x*=1.0
		cos	返回弧度数的余弦值	double pi=3.14, *x*; *x*=cos(pi/2); //*x*=0.0
		log	返回实数的自然对数	double e=2.7182, *x*; *x*=log(e); //*x*=1.0
		pow	返回幂函数的值	double *x*=pow(2,5); //*x*=32
		sqrt	返回实数的平方根	double *x*; *x*=sqrt(25); //*x*=5.0
		ceil	返回实数的上取整值	double *x*; *x*=ceil(2.1); //*x*=3.0
		floor	返回实数的下取整值	double *x*; *x*=floor(2.8); //*x*=2
字符串处理函数	string.h	具体函数参照第 9 章		
其他函数	C 语言系统一般按照函数功能将系统函数集中定义在某个头文件中，如时间函数 time 定义在 time.h 中，随机函数 rand 定义在 stdlib.h 中			

2) 库函数使用举例

例 6.1 编写一个程序，通过调用随机函数模拟投掷硬币的统计规律。

【问题分析】

在 C 语言中，可以用 rand 函数产生一个随机整数，此随机数的范围为[0, RAND_MAX)。其中，RAND_MAX 是一个符号常量，其值是 32767。为了产生不同的随机数，可以调用系统时间函数 time 与随机种子生成函数 srand 来初始化随机序列，用 rand 函数产生随机数。Time 函数在 time.h 中定义，库函数 rand，srand 在 stdlib.h 中定义。用下面的代码可以产生一个[0, 1)区间内均匀分布的随机纯小数 x：

```
double x;
srand(time(NULL));
x=1.0*rand()/RAND_MAX;
```

由于随机数 x 在[0, 1)区间内是均匀分布的，因此可以将该区间分为[0, 0.5)与[0.5, 1)两个子区间，x 落在不同区间内分别表示硬币的正面朝上和反面朝上。程序模拟进行 N 次随机试验，用两个不同的变量分别统计正面和反面朝上的次数。注意，此程序每次运行时，会因为随机数的取值不同而产生不同的结果。

【程序代码】

```
/*eg6.1.c*/
#include <stdio.h>
#include <stdlib.h>
#include <time.h>
#define N 1000                  //随机试验的总次数
int main()
{
  int i,side1,side2;            //用于统计正面和反面朝上的次数
  double x;                     //随机数
  srand(time(NULL));            //用系统时间初始化随机种子
  side1=side2=0;                //统计次数初始时均为 0
  for(i=0;i<N;i++)
  {
    x=1.0*rand()/RAND_MAX;  //产生[0,1)的随机小数 x
    if(x<0.5) side1++;          //正面朝上
    else side2++;               //反面朝上
  }
  printf("一共进行了%d 次硬币投掷，其中正面%d 次，反面%d 次。
  \n",N,side1,side2);
  return 0;
}
```

【运行结果】

```
一共进行了 1000 次硬币投掷，其中正面 498 次，反面 502 次。
```

例 6.2　使用随机函数，编程近似求圆周率 π。

【问题分析】

如图 6-2 所示，随机产生一个 xOy 平面上单位正方形内均匀分布的点 $P(x,y)$。若点 P 落入阴影部分，则在 1/4 单位圆内或圆上。一共产生 N 个点，统计落入阴影部分的点的总数 n。一种近似的模拟算法认为，n/N 的数值应当等于 1/4 单位圆与单位正方形的面积之比 $\pi/4$。

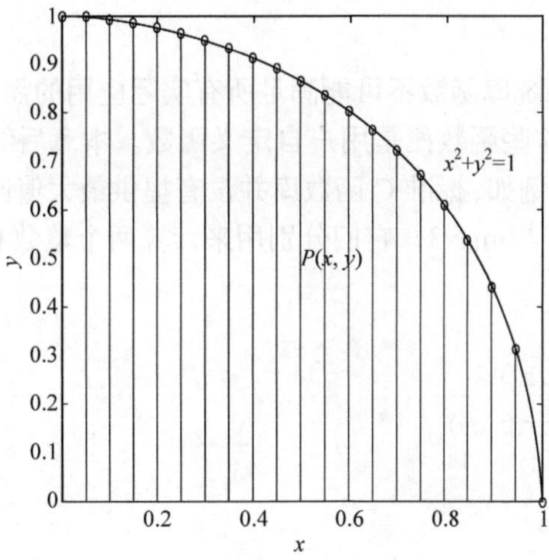

图 6-2　随机模拟示意图

【程序代码】

```
/*eg6.2.c*/
#include <stdio.h>
#include <stdlib.h>
#include <time.h>
#define N 1000000                              //随机试验的总次数
int main()
{
  int i,n=0;                                   //n 用于统计落入单位圆内的点的总数
  double x,y;                                  //随机数
  srand(time(NULL));                           //用系统时间初始化随机种子
  for(i=0;i<N;i++)
  {
    x=1.0*rand()/RAND_MAX;                     //产生随机小数作为点 P 的横坐标 x
    y=1.0*rand()/RAND_MAX;                     //产生随机小数作为点 P 的纵坐标 y
    if(x*x+y*y<=1) n++;                        //在 1/4 单位圆内或者圆上
  }
  printf("一共进行了%d 次取点，其中阴影部分%d 次。\n",N,n);
  printf("Pi=%.7f\n",4.0*n/N);
  return 0;
}
```

【运行结果】

```
一共进行了 1000000 次取点，其中阴影部分 785330 次。
Pi=3.1413200
```

2. 用户自定义函数

显然，C 语言提供的系统库函数不可能满足所有实际应用的需要，因此，需要用户自行定义某些特殊功能的函数，这些函数便是用户自定义函数。本章后续主要篇幅都在着重介绍如何定义和使用自定义函数。例如，标准 C 函数库并没有提供最大值函数，因此在 main 函数中，使用两个自定义函数 max2 与 max3，它们分别用来计算两个整数和三个整数的最大值。阅读下面的代码：

```
#include <stdio.h>
int max2(int a,int b)
{
  return a>b?a:b;
}
int max3(int a, int b, int c)
{
  return max2(a,max2(b,c));
}
int main()
{
  int a=45,b=63,c=124;
  printf("a,b 的最大值是%d\n",max2(a,b));
  printf("a,b,c 的最大值是%d\n",max3(a,b,c));
  return 0;
}
```

读者可能已经注意到，在 main 函数的上面有两段代码(第 2～5 行和 6～9 行)，分别定义了这两个函数的具体实现，在第 13 行和第 14 行出现了函数的调用。这两个函数 max2、max3 就是用户自定义函数。需要注意的是第 8 行，max3 函数中出现了 max2 的调用，这就是 6.1.2 节中提到的函数嵌套调用。当然，根据逻辑意义，此处的求最大值的语句表述方式并不唯一。例如，可将 max2(*a*, max2(*b*, *c*))改写成 max2(max2(*a*, *c*), *b*)或 max2(*c*, max2(*b*, *a*))。

6.2　函数的定义

6.2.1　函数定义的一般形式

函数定义主要是声明函数的名称、返回值类型、参数以及函数的功能。函数定义的一般形式如下：

```
类型标识符 函数名(参数列表)
{
    函数体语句
}
```

1. 类型标识符(函数类型)

在定义函数时，函数名前的类型标识符就是函数的类型。类型标识符可以是任何合法的数据类型，类型标识符缺省时默认为 int。考虑到程序的可读性，在定义函数时若函数类型是 int，最好不要省略。

例 6.3 阅读下面的程序，输出运行结果。

【程序代码】

```
/*eg6.3.c*/
#include <stdio.h>
int fun(int a,int b)
{
  return a+b;           //以 a+b 的值作为函数值返回
}
int main()
{
  int x=4.6,y=3.5;
  printf("%d\n",fun(x,y));
  return 0;
}
```

【运行结果】

```
7
```

2. 函数名

函数名遵循标识符命名规则，应按照“见名知意”的原则，以提高程序的易读性。

3. 参数列表

根据参数的有无，可以将函数分为有参函数与无参函数两种。对于有参函数，参数列表中需依次声明参数类型并用逗号分开，无参函数的参数列表为空，但函数名后的括号不可少。

1) 有参函数

例 6.4 定义一个函数 Print，根据参数的数值，打印出从 A 开始的相应数目的大写字母。如参数为 5，则打印出 ABCDE。

【程序代码】

```
/*eg6.4.c*/
#include <stdio.h>
void Print(int n)
{//输出 n 个大写字母
  int i;
```

```
    for(i=0;i<n;i++)
      putchar('A'+i);      //输出第 i 个字符
  }
  int main()
  {
    int count;
    printf("请输入字符的数量：\n");
    scanf("%d",&count);
    if(count<=26&&count>0) Print(count);
    else printf("字符数量应在 1..26 之间");
    return 0;
  }
```

【运行结果】

```
请输入字符的数量：3↙
ABC
```

【例题解析】

本例中 Print 函数与 main 函数在结构上非常类似。对比函数定义的一般形式，程序的第 2 行中的 void 是类型标识符，Print 是函数名，*n* 是参数列表中唯一的参数，函数体语句中的说明语句和执行语句是合法的代码段。Print 函数根据给定的整型参数的值，用循环语句实现了相应的输出。Print 函数与 main 函数的不同之处在于，本例中 main 没有参数，Print 函数带有一个整型参数 *n*。另外，Print 函数的类型标识符为 void，main 函数的类型是 int。

2) 无参函数

在 C 程序中，函数如果没有参数，则称为无参函数。

例 6.5　阅读下面的程序，输出运行结果。

【程序代码】

```
/*eg6.5.c*/
#include <stdio.h>
void line()
{
  printf("**********\n");   //输出 10 个星号字符
}
int main()
{
  int i;
  for(i=0;i<3;i++)
    line();                  //调用 line 函数输出字符
  return 0;
}
```

【运行结果】

```
**********
**********
**********
```

【例题解析】

程序中有一个无参函数 line，此函数的作用就是用循环语句控制输出 10 个“*”字符。

在 C 程序中，符号“()”除了作用于表达式可改变操作数的运算优先级之外，多数情况下都和函数的使用密切相关。特别注意，无参函数名后的一对小括号绝对不允许省略。

4. 函数体语句

函数体是用一对花括号“{}”括起来的合法的 C 语句序列，函数的功能就是靠函数体语句来实现的。除参数以外在函数体语句中使用的所有变量，在使用前都必须在函数体内进行声明，如例 6.4 中的第 4 行。当然，作为一种特例，函数体也可以没有任何语句，这样的函数称为空函数。

6.2.2　自定义函数在程序代码中的位置

1. 先定义，后使用

本章中之前出现的例子都属于这种情形。

2. 先声明，后使用

例 6.6　运行下面的程序，先不输入“double fun(double a,double b);”，观察程序编译运行结果。

【程序代码】

```
/*eg6.6.c*/
#include <stdio.h>
#include <stdio.h>
double fun(double a,double b);
int main()
{
  double x=4.1,y=3.5;
  printf("%lf\n",fun(x,y));
  return 0;
}
double fun(double a,double b)      //fun 函数的定义
{
  return a>b?a:b;                  //输出两个参数中的较大者
}
```

【例题解析】

此例中 fun 函数定义(第 10～13 行)在 main 函数之后。换言之，在编译过程中，main 函数在调用 fun 函数时，缺少该函数正确使用时所必需的信息，如参数的个数、参数的类型、函数的返回值等。所以，如果没有第 3 行，程序编译过程会产生错误。这行代码就是函数的声明，它的作用在于提前告知随后的代码，函数使用时需要的一些必要信息。事实上，此处“double fun(double a,double b);”也可以简写成“double fun(double,double);”。

6.3　函数的接口与调用

6.3.1　函数的参数

函数的参数是输入接口，主要用于建立主调函数与被调函数之间的数据联系。当主调函数调用被调函数时，主调函数中使用的参数称为实际参数(简称实参)，被调函数中与实际参数对应的参数称为形式参数(简称形参)。例如，例 6.6 中，*x*，*y* 是实参，*a*，*b* 是形参。

实参与形参之间必须满足以下条件。

(1) 实参与形参的个数一致。

(2) 实参与形参的类型从左至右依次保持匹配。如果某个实参与对应的形参类型不一致，但进行隐式类型转换后能匹配该形参的类型，则也认为属于正常匹配。例如，实参是 double 型的 2.5，而形参是 int 型，最终形参的值为整数 2。

(3) 实参可以是任意合法的表达式，形参只能是变量名。

(4) 形参在进行函数调用时才有取值，实参的值单向传递给形参。

6.3.2　函数返回值

有的函数被调用结束后，会向主调函数返回一个执行结果，这个结果称为函数的返回值。函数的返回值是输出接口。C 语言中，用 return 语句来实现函数的返回。一般来说，函数体中包含 return 语句，return 语句后的表达式即函数的返回值。

函数返回值的数据类型必须与函数定义类型进行匹配，最终以函数类型为准。也就是说，如果 return 语句中的表达式类型与函数定义类型虽不完全匹配，但可以进行类型转换，那么函数的返回值就以类型转换后的值为准，但此时编译器会报警告错误(Warnings)。若无法实现类型转换，编译器会出现类型不匹配错误(Errors)。所以，为了避免出现不必要的错误，在自定义函数时，应尽量保证函数返回值的类型与函数定义类型保持完全一致。

例 6.7　阅读下面的程序，输出运行结果。

【程序代码】

```
/*eg6.7.c*/
#include <stdio.h>
int fun(double a,double b)
{
  return a>b?a:b;                    //返回 a 与 b 的较大值
}
```

```
int main()
{
  double x=4.6,y=8.8;
  printf("%d\n",fun(x,y));       //计算 x 与 y 的较大值
  return 0;
}
```

【运行结果】

```
8
```

【例题解析】

在本例中，fun 函数有两个 double 型参数 *a*，*b*，函数的类型标识符是 int，函数体中 return 语句的条件表达式 *a*>*b*?*a*: *b* 的值类型是 double，二者并不一致。由于函数定义的类型 int 是最终的值类型，函数调用会将二者最大值 8.8 强制转换成整数 8 进行返回。

有时，如果 C 程序中的函数只是为了执行某段代码，无须向主调函数返回值，那么函数体的最后一条语句可以写成"return;"，表示函数段结束调用，正常返回。在绝大多数情况下，我们在书写程序时常常将"return;"省略不写。如果函数无返回值，函数类型就必须设为 void，例如，例 6.5 中的 line 函数就是 void 类型。

函数中可以出现多个 return 语句，但这并不意味着一个函数可以同时存在几个不同的返回值。只要程序执行到 return 语句，就会立即返回主调函数。换句话说，多个 return 语句中，只可能有一个 return 语句有机会得到执行，函数的值取决于第一次执行时 return 语句的值。我们来看下面的一个例子。

例 6.8 编写一个程序，输出 20 以内所有的质数。

【程序代码】

```
/*eg6.8.c*/
#include <stdio.h>
int isprime(int n)                          //判断 n 是否为质数
{
  int i;
  for(i=2;i<n;i++)
    if(n%i==0)return 0;                     //不是质数
  return 1;                                 //是质数
}
int main()
{
  int i;
  for(i=2;i<20;i++)
    if(isprime(i))printf("%d ",i);          //若 i 是质数则输出
  return 0;
}
```

【运行结果】

```
2□3□5□7□11□13□17□19
```

【例题解析】

函数 isprime(int *n*)用于判断参数 *n* 是否是质数，如果是质数，函数返回 1，否则返回 0。这个函数里面出现了两个 return 语句。分析第 7 行 “return 1;” 的执行时机：程序若能执行到此语句，则表明之前的 “return 0;” 一次都没有执行过。也就是说，if 语句的条件从未满足过，而该条件语句的作用就是判断在 2～*n*–1 中是否存在 *n* 的一个约数。

6.3.3　函数调用

函数调用是指程序中调用某函数以执行相应操作，调用结束后得到处理结果或者取得返回值。在 C 语言中，一个函数可以被其他函数调用多次，每次调用也可以使用不同的参数。不过，main 函数比较特殊，不能被其他函数调用。除此之外，函数之间允许相互调用。从函数的使用方式上来看，函数调用有语句调用、表达式调用和嵌套调用等几种不同的形式。

1. 语句调用

函数的语句调用是指将函数调用作为一条语句。一般形式为：

```
函数名(实参列表);
```

这种调用方式通常适用于一个不带返回值的函数。例 6.5 中的 line 函数的调用属于函数的语句调用。有时，主调函数认为被调函数的功能足以满足其调用需求，或者被调函数的返回值对主调函数意义不大，有返回值的函数也有可能采用这种调用方式。例如，标准输入/输出函数 scanf，printf 虽然有返回值，但我们很少使用它们。

2. 表达式调用

函数出现在赋值表达式的右边，或者作为其他函数的实参，这种方式称为函数的表达式调用。这种调用方式只能用于调用带有返回值的函数。例 6.3 中的 fun 函数的调用属于函数的表达式调用。

关于函数的表达式调用，需要依次执行如下几步。

(1) 函数调用时，编译器进行形参与实参个数的核对，同时检查对应的参数类型是否依次保持匹配。若个数与类型存在异常，将无法完成编译过程。

(2) 实参的值将依次单向传递给形参，程序流程转向被调函数。

(3) 若函数有返回值，要检查函数的返回值类型与被调用位置的类型是否匹配。若不能进行类型转换，编译过程同样会报错。

例 6.9　用辗转相除法定义一个函数，求两个正整数的最大公约数。

【问题分析】

辗转相除法，是指我们可以通过这样一种方法来求得 *m* 与 *n* 的最大公约数。若 *m* 能被 *n* 整除，则 *n* 就是所求。否则，求出 *m* 对 *n* 的余数 *r*，此时 *r* 不等于零。算法认为，*m* 与 *n* 的最大公约数等同于 *n* 和 *r* 的最大公约数。接着，继续用同样的方法求 *n* 和 *r* 的最大公约数。这个方法终止时的最大公约数就是所求。

【程序代码】

```
/*eg6.9.c*/
#include <stdio.h>
int GCD(int m,int n)                //求两个数的最大公约数
{
  int r;
  r=m%n;                        //m 除以 n 的余数
  while(r!=0)
  {
    m=n;
    n=r;
    r=m%n;
  }
  return n;
}
int main()
{
  printf("%d",GCD(24,15)); //输出两个数的最大公约数
  return 0;
}
```

【运行结果】

```
3
```

3. 嵌套调用

C 语言中的函数是相互独立的，也就是说，在函数定义时，函数体内不能包含另一个函数的定义，即函数不能嵌套定义。在一个程序中，如果主调函数在调用被调函数时，被调函数又调用了另一个函数，这就是函数的嵌套调用。

例 6.10　分析下面程序的运行结果。

【程序代码】

```
/*eg6.10.c*/
#include <stdio.h>
int addTwo(int a,int b)             //求两个数的和
{
  return a+b;
}
int addThree(int a,int b,int c)   //求三个数的和
```

```
{
  return c+addTwo(a,b);
}
int main()
{
  int sum=0;
  sum=addThree(3,4,5);            //调用 addThree 求三数之和
  printf("The sum=%d\n",sum);
  return 0;
}
```

【运行结果】

```
The sum=12
```

【例题解析】

嵌套调用流程如图 6-3 所示。

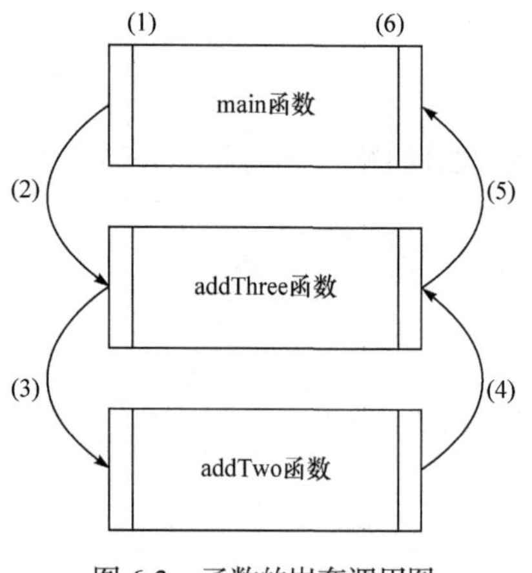

图 6-3　函数的嵌套调用图

(1) 进入 main 函数。

(2) 调用 addThree(3, 4, 5)函数，实参 3、4、5 与形参 *a*，*b*，*c* 进行结合。

(3) 进入 addThree 函数，程序中出现 addTwo 函数的调用，将实参 *a*,*b* 的值 3、4 与 addTwo 函数中的 *a*,*b* 进行结合。进入 addTwo 函数，得到 *a*+*b* 的值 7。

(4) addTwo 函数中的 return 语句，返回到调用点 addThree 函数中的语句"*c*+addTwo(*a*, *b*)"，并以返回值 7 代入，return 语句等价于"return *c*+7;"(或者说等价于"return 12;")。

(5) addThree 函数中的 return 语句，返回到调用点 main 函数中的"sum=addThree(3, 4, 5);"语句，并以返回值 12 代入，语句等价于"sum=12;"。

(6) 返回 main 函数，输出"The sum=12"后程序结束。

6.4　局部变量和全局变量

变量的作用域是指变量的有效范围。根据变量的作用域，可将变量分为局部变量和全局变量。

6.4.1　局部变量

局部变量是指函数内部或语句体中使用的变量，只在定义的局部范围内有效。局部变量若未进行初始化，其值是随机的。

例 6.11　分析下面程序的运行结果，观察程序的编译结果。

【程序代码】

```
/*eg6.11.c*/
#include <stdio.h>
int max(int a,int b)                //形参 a,b 定义在 max 函数中
{ int c;                            //c 是 max 函数定义的局部变量
  c=a>b?a:b;
  return c;
}
int main()
{ int m=4;                          //m 是 main 函数定义的局部变量
      {
        int n=5;                    //n 定义在复合语句内
        printf("%d\n",n);
      }
  m=max(9,10);
  printf("%d\n",m);
  printf("%d\n",n);
  return 0;
}
```

【运行结果】

```
5
10
```

【例题解析】

在 max 函数中，*a*，*b*，*c* 都是局部变量，作用域限制在 max 范围内。在 main 函数中，*m* 是局部变量，作用域限制在 main 范围内。本例中，变量 *n* 的作用域是第 9～12 行。所以，第 15 行中，对于变量 *n* 的访问超过了 *n* 的作用域，属于非法访问。去掉该行后，程序编译通过。

关于局部变量，需要注意以下两点。

(1) 两个函数的局部变量可以同名，它们在各自的作用域内彼此相互独立，互不影响。

(2) 形参是隶属于函数的局部变量，在函数定义范围之外访问形参没有任何意义。

6.4.2　全局变量

全局变量是指不隶属于函数或者语句体的变量，它定义在所有函数之外。其作用域从定义处开始一直延伸到程序结束。全局变量若未进行初始化，其值是零(或 NULL)。

例 6.12　分析下面程序的运行结果。

【程序代码】

```
/*eg6.12.c*/
#include <stdio.h>
int a=3,b=5;                  //a,b 是全局变量
int max(int a,int b)          //此处 a,b 是定义在 max 函数内的局部变量
{ int c;                      //c 是定义在 max 函数内的局部变量
  c=a>b?a:b;
  return c;
}
int main()
{ int a=8;                    //此处 a 是定义在 main 函数内的局部变量
  printf("%d",max(a,b));      //此处 a 是局部变量，b 是全局变量
  return 0;
}
```

【运行结果】

```
8
```

【例题解析】

程序中定义了两个全局变量 *a*，*b*，作用域从定义处到程序运行结束。换言之，本例中变量 *a*，*b* 在运行过程中全程有效。max 函数中的 *a*，*b*，*c* 是局部变量，main 函数中定义了一个局部变量 *a*，注意这两个局部变量重名，但是因为各自作用域的限制，使用时并不会产生二义性。main 函数中调用 max(*a*, *b*)中的 *a* 变量取局部值 8，*b* 变量取全局值 5。调用时，将 8 与 5 传递给 max 中的局部变量 *a* 和 *b*，程序得到 *c* 的值 8 之后返回。

关于全局变量，需要注意以下两点。

(1) 设置全局变量的目的是增强函数间的数据联系，例如，有时需要一个函数可以带回多个返回值，但 C 语言中函数返回值只可能是一个。这时，就可以在函数体内使用全局变量。一般来说，全局变量破坏了函数的独立性，对程序查错和调试均不利。除非函数模块间需要传递大量的参数而不得不将这些参数设置为全局变量外，其他场合应当严格限制使用。

(2) 若全局变量与局部变量重名，则全局变量不起作用。若要在某函数中使用定义的全局变量，千万不要再对该变量进行声明。因为一旦声明变量，该变量就成了新的局部变量。

6.5 函数的高级应用

6.5.1 函数的递归调用

1. 递归的概念

在 C 语言中，一个函数直接或间接调用自身的一种方法称为递归，这种方法通常把一个大而复杂的问题层层转化为一个与原问题相似的规模较小的问题来求解。递归策略只需少量

的程序就可描述出解题过程所需要的多次重复计算，大大减少了程序的代码量。

例 6.13　编写一个递归函数 $f(n)$，求 1+2+3+⋯+n 的值。

【问题分析】

如果将 1+2+3+⋯+n 的值设为函数 $f(n)$，稍加分析可以确定函数 $f(n)$ 满足：

$$f(n)=\begin{cases}1, & n=1\\ n+f(n-1), & n>1\end{cases}$$

因此程序中可以使用一个简单的 if 语句实现。

【程序代码】

```
/*eg6.13.c*/
int f(int n)
{ if(n==1) return 1;
  else return (n+f(n-1));          //递归调用 f
}
```

2. 递归的调用与返回

例 6.14　用辗转相除法求两个正整数的最大公约数，要求用递归方法实现。

【问题分析】

将求两个正整数 m，n 的最大公约数定义为函数 gcd(m, n)。依据例 6.9 的分析可以得到函数 gcd(m, n)的递归定义：

$$\gcd(m,n)=\begin{cases}n, & m\%n=0\\ \gcd(n,m\%n), & m\%n\neq 0\end{cases}$$

【程序代码】

```
/*eg6.14.c*/
#include <stdio.h>
int gcd(int m,int n)
{//求两数的最大公约数
if(m%n==0) return n;
 else return(gcd(n,m%n));
}
int main()
{
  int m,n;
  scanf("%d%d",&m,&n);                    //输入两个整数
  printf("最大公约数是:%d\n",gcd(m,n));          //输出两个数的 gcd
  return 0;
}
```

【运行结果】

```
24□15↙
最大公约数是:3
```

例 6.15 分析下面程序的运行结果，尤其注意递归过程。

【程序代码】

```
/*eg6.15.c*/
#include "stdio.h"
int f(int n)
{ int x;
  if(n==1) x=1;
  else x=f(n-1)+1;
  printf("%d",x);
  return x;
}
int main()
{
  printf("%d\n",f(2));
  return 0;
}
```

【运行结果】

```
122
```

【例题解析】

图 6-4 显示了程序的函数调用过程。

(1) 执行 main 函数，调用 $f(2)$，将实参 2 的值传递给 f 函数中的形参 n。

(2) 形参 n 取得值 2，转入 f 函数，执行 if 语句的 else 子句“$x=f(n-1)+1;$”，再次调用 f 函数，将实参的值 1 传递给 f 函数中的形参 n。

(3) 形参 n 取得值 1，再次转入 f 函数，执行 if 语句中的“$x=1;$”。接着，执行 printf 函数，程序输出 x 的值 1，随后带 x 值 1 返回。

(4) f 函数返回调用点，取得 n=2 时 x 的值 x=1+1。

(5) 输出此时 x 的值 2 并返回。

(6) f 函数返回调用点，输出函数值 2。

6.5.2 变量的存储类别

1. 变量的生存期

变量的生存期是指从变量创建到变量终止的时间。根据变量生存期的不同，可以将变量分为动态存储变量与静态存储变量。

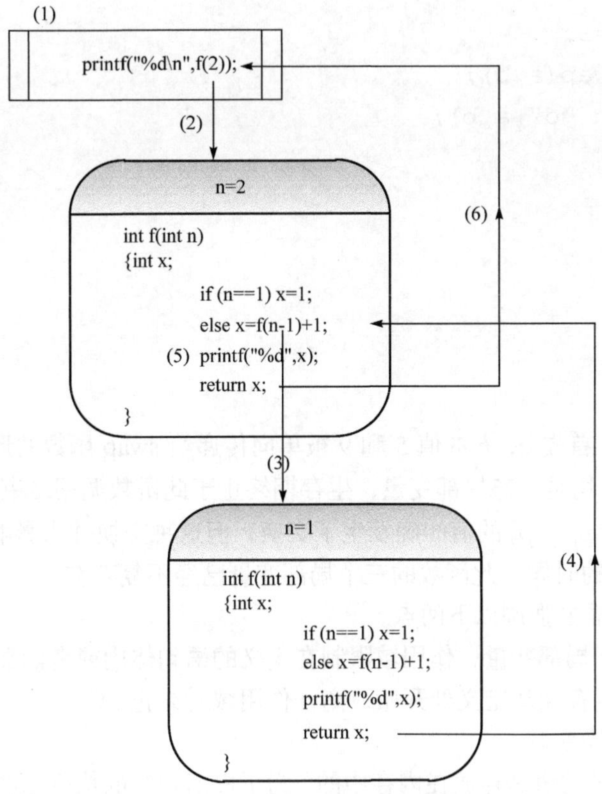

图 6-4　函数的递归调用

动态存储是指在程序运行期间，对于内存变量，需要时分配，不需要时就释放。动态存储有 auto 与 register 两种存储类别。静态存储是指在程序运行期间，对于内存变量分配固定的存储空间的存储方式。静态存储有 static 与 extern 两种存储类别。

2. 变量的存储类别

1) auto：自动变量

这是变量默认的存储类别，也是 C 语言中使用最广泛的一种类别。在使用过程中，常常省略 auto 关键字。

例 6.16　分析下面程序的运行结果。

【程序代码】

```
/*eg6.16.c*/
#include <stdio.h>
void swap(int p1,int p2)
{//交换两个参数的值
  int p;
  p=p1;p1=p2;p2=p;
}
int main()
```

```
{ int a=5,b=9;
  if(a<b) swap(a,b);
  printf("%d %d",a,b);
  return 0;
}
```

【运行结果】

```
5□9
```

【例题解析】

在 main 函数中，首先 *a*，*b* 的值 5 和 9 被单向传递给 swap 函数的形参 p_1、p_2。在函数 swap 内，*p*、p_1、p_2 均是动态局部变量，生存期终止于此函数调用结束之时。所以，虽然在 swap 函数内部，形参 p_1、p_2 的值的确发生了交换，但这种交换并未影响到 main 函数。甚至当 swap 返回到 main 的时候，此函数的三个局部变量已经不复存在。

关于自动变量，需要强调以下两点。

(1) 自动变量属于局部变量，作用域限制在定义的语句体内或者函数内。

(2) 自动变量的生存期从定义处开始，离开作用域时终止。

2) register：寄存器变量

一般情况下，变量的值是存放在内存中的。为了提高程序的执行速度，C 语言允许将变量的值放在 CPU 的寄存器中，这种变量称为寄存器变量。

3) static：静态变量

静态变量可以是局部变量，也可以是全局变量。静态变量如果未进行初始化，会被系统自动初始化为零(NULL)。静态变量在相邻两次调用之间，存储单元并不释放。

例 6.17　分析下面程序的运行结果，体会 static 变量的作用。

【程序代码】

```
/*eg6.17.c*/
#include <stdio.h>
int f(int a)
{ auto int b=0;
  static int c=3;
  b++;c++;
  return (a+b+c);
}
int main()
{ int a=2,i;
  for(i=0;i<3;i++)
    printf("%d ",f(a));
  return 0;
}
```

【运行结果】

```
7□8□9
```

【例题解析】

f 函数中 *a*，*b*，*c* 均是局部变量，其中 *a*，*b* 是动态变量，*c* 是静态变量。main 函数中 *a*，*i* 是局部变量。第一次调用 *f*(*a*)时，将实参 *a* 的值 2 传递给 *f* 中的形参 *a*。注意，此时两个函数中的 *a* 变量是同名变量，但并不是同一个变量。动态变量 *b* 被初始化为 0，静态变量 *c* 被初始化为 3，随后 *b*，*c* 自增，函数取得返回值 2+1+4=7 后返回 main 函数，随即进入第二次循环。注意，在第二次调用 *f*(*a*)之前，动态变量 *a*，*b* 被撤销，静态变量 *c* 的值为 4，单元被系统保留，并未释放。第二次调用 *f*(*a*)时，仍然将实参 *a* 的值 2 传递给形参 *a*，形参 *a*，*b* 再次被创建，初始值分别是 2 和 0，但是这时，第 4 行语句不再执行，因为这是一条初始化语句，只能对从无到有的变量有效，只会执行一次。接着 *b*，*c* 自增，这两个变量的值更新为 1 和 5，函数带着 2+1+5 的值返回 main 函数。第三次调用的过程与第二次调用类似，读者可以接着自行分析。

关于静态变量，需要强调以下两点。

(1) 局部静态变量的作用域限制在定义它的语句体内或者函数内。与动态局部变量不同的是，其生存期不受作用域代码的限制，会从创建它的那个时刻开始，一直维持到程序运行结束。也就是说，在生存期内，其值一直被系统保留，所占空间系统并不释放。但无论函数被调用和返回多少次，静态变量的初始化过程只有一次。

(2) 在函数外部定义的静态变量，可以被各个函数引用。与一般的非静态全局变量不同的是，静态全局变量只能在定义它的文件中被使用，而一般的全局变量则可以在整个程序的所有文件中进行访问。有关多文件的程序运行过程，请读者参考本书配套的习题与实验指导书。

4) extern：外部变量

外部变量是全局变量的另一种提法。关于外部变量，需要强调以下两点。

(1) 外部变量在函数之外定义，它的作用域从变量定义处开始，一直到程序结束。外部变量可以被程序中的各个函数所公用。

(2) 一个函数可以使用在该函数之后定义的全局变量。这种情况下，必须在此函数中使用 extern，说明此变量已经在函数外部定义过了，以便编译程序进行相应处理。

例 6.18　请写出下面程序的运行结果。

【程序代码】

```
/*eg6.18.c*/
int main()
{
  extern a;      //说明外部变量
  a=13;
  printf("%d",a);
  f();
  printf("%d",a);
```

```
  return 0;
}
int a;
void f()
{
  a=32;
}
```

【运行结果】

```
13
32
```

6.5.3　内部函数和外部函数

一般情况下，函数可以被其他的所有函数调用，即可以把函数看作全局的。但是，如果一个函数被声明是静态的，则该函数只能在定义它的文件中被调用，而其他文件中的函数则不能调用它。根据函数是否能被其他文件调用，可将函数分为内部函数和外部函数。

1. 内部函数

只能被本文件中的函数调用的函数称为内部函数。
定义内部函数的一般格式为：

```
static 类型标识符 函数名(形参列表){}
```

例如：

```
static int add(int a,int b)
{
  return a+b;
}
```

2. 外部函数

除了能被本文件中的函数调用，还可以被其他文件中的函数调用的函数，称为外部函数。
定义外部函数的一般格式为：

```
extern 类型标识符 函数名(形参列表){}
```

extern 关键字可以省略。如果函数没有特别注明，一般默认为外部函数。
例如：

```
extern int add(int a,int b)
```

```
{
  return a+b;
}
```

本章小结

函数有利于实现模块化结构程序设计，可以从不同的角度强化对函数概念的理解。

1. 从函数定义的角度

系统提供的库函数：库函数是指系统提供的已经预先定义的函数。编程时只需在文件首部加上#include 语句指明函数所在的头文件即可进行调用。熟练地了解、掌握系统库函数的使用，可以大大减少程序编码的工作量，提高编程效率。

用户自定义函数：用户根据自己的需要定义用来解决具体问题的函数。在实际应用中，需要借助自定义函数来丰富程序的功能。

2. 从有无参数的角度

无参函数：无参函数是指不带任何参数的函数。在调用一个无参函数时，主调函数与被调函数之间不进行参数传递。

有参函数：有参函数是指在函数定义和函数调用时带有参数的函数。函数定义时使用的参数为形参，函数调用时使用的参数为实参。在调用一个有参函数时，主调函数将实参的值按照从左到右的先后次序依次单向传递给形参，形参按照同样的顺序依次接收相应实参的值，以进行初始化工作。

3. 从有无返回值的角度

有返回值函数：有返回值函数在被调函数执行完毕后向主调函数返回一个执行结果，这个结果就是函数的返回值，return 语句中表达式的值就是函数的返回值，return 语句中表达式的类型应该与此函数声明时的返回类型以及主调函数调用位置的变量类型保持一致。

无返回值函数：如果某函数仅仅用于完成某项特定的处理任务，那么就可以将该函数定义为无返回值函数。无返回值函数并不是不需要返回的函数，只是表明此函数无须带值返回。C 语言中，任何一个函数调用结束后，程序的流程都必须要回到主调函数调用的位置。定义无返回值函数时，函数返回类型设为 void。

4. 从函数作用域的角度

内部函数：只能被本程序文件中的其他函数调用的函数。

外部函数：除了能被本程序文件中的其他函数调用，还可以被其他文件中的函数调用的函数。

第 7 章　数　　组

数组是有序数据的集合，数组中的每一个元素都属于同一个数据类型。用数组名和下标可以唯一地确定数组中的元素。

7.1　一维数组的定义和引用

前面我们用变量存储一个值，当要存储多个同类型的值时就需要定义多个变量。例如，存储一个学生 8 门课程的成绩，就要定义 8 个变量，这使程序设计变得烦琐。若用一维数组来处理这个问题就会变得很简洁。

7.1.1　一维数组的定义

一维数组的定义格式：

```
类型说明符 数组名[常量表达式];
```

例如：

```
int array[8];
```

它定义了一个整型数组 array，其数组长度为 8，有 8 个数组元素。

说明：

(1) 类型说明符：用来定义数组元素的数据类型，即数组元素的取值类型。

(2) 数组名：用户定义的数组标识符，其命名规则与变量名相同。

(3) 常量表达式：由常量或符号常量组成的表达式，它是一个确定的正整数，表示数组元素的个数，即数组的长度，不能出现变量。例如：

```
int n=5;
int a[n]; /*错*/
#define M 5
int a[M]; /*对*/
int a[4]; /*a 数组有 4 个元素，下标从 0 开始，这 4 个元素分别是：a[0],a[1],
        a[2],a[3]*/
```

7.1.2　一维数组的初始化

数组初始化是指在数组定义时给数组元素赋初值，如果数组没有初始化，数组元素将取一个不确定的初值。有以下几种数组初始化方式。

1. 在数组定义时对数组元素全部赋初值

例如：

```
int arr[8]={0,2,4,6,8,10,12,14};
```

等价于：

```
arr[0]=0;arr[1]=2;…;arr[7]=14;
```

若对全部数组元素赋初值，可以不指定数组长度。因此上述也可写成：

```
int arr[]={0,2,4,6,8,10,12,14};
```

2. 在数组定义时对部分数组元素赋初值

例如：

```
int arr[8]={0,2,4,6,8};
```

表示只给前 5 个数组元素 arr[0]～arr[4]赋初值，后 3 个数组元素全为 0。

注意：对部分数组元素赋初值时，由于数组长度与提供初值的个数不相同，数组长度不能省略。

7.1.3　一维数组元素的引用

数组必须先定义，后使用。C 语言规定，只能逐个引用数组元素，而不能一次引用整个数组。

一维数组元素的引用格式：

```
数组名[下标表达式]
```

其中，下标表达式只能为整型常量或整型表达式，其取值范围为 0～*N*–1(*N* 表示数组的长度)。

例如，“int *i*, *j*,arr[10];”，则 arr[5]，arr[*i*+*j*]，arr[*i*++]都是合法的数组元素。

另外，若要输出 8 个元素的数组，必须使用循环语句逐个输出：

```
for(i=0;i<8;i++)
    printf("%d",arr[i]);
```

不能用一条语句输出整个数组。

例如：

```
printf("%d",arr);/*错*/
```

例 7.1　数组元素的引用。

【程序代码】

```
/*eg7.1.c*/
```

```
#include <stdio.h>
int main()
{
    int i,arr[8];                    /*数组的定义*/
    for(i=0;i<8;i++)
      arr[i]=i+2;                    /*初始化数组*/
    for(i=0;i<8;i++)
      printf("%d",arr[i]);           /*数组的引用*/
    return 0;
}
```

【运行结果】

```
2 3 4 5 6 7 8 9
```

7.1.4　一维数组程序举例

例 7.2　求斐波纳契数列的前 25 项的值。

【问题分析】

定义一个一维数组 f 来存储斐波纳契数列每项的值，斐波纳契数列前两项的值均为 1，后面每项的值是其前两项的和。令 $f[1]=f[2]=1$，则 $f[n]=f[n-1]+f[n-2]$($n\geqslant3$，n 是项数)，后面的 23 项用循环来完成，循环的终止条件为 $n=26$。

【算法描述】

Step1：

(1) 定义数组；

(2) 初始化数组前两项 $f[1]$、$f[2]$；

Step2：循环变量 $n=3$～25，循环执行下述操作：

(1) $f[n]=f[n-1]+f[n-2]$；

(2) n++；

Step3：循环变量 n=1～25，循环执行下述操作：

(1) 输出 $f[n]$；

(2) n++；

(3) if (n 是 5 的倍数)执行换行操作。

【程序代码】

```
/*eg7.2.c*/
#include <stdio.h>
int main()
{
   int i,f[26];
   f[1]=1;
```

```
    f[2]=1;
    /*f 为含 26 个元素的整型数组，下标从 1 开始，对前两个元素分别赋初
    值 1*/
    for(i=3;i<=25;i++)
        f[i]=f[i-2]+f[i-1];/*i 从 3 到 25 循环，对 f[3]到 f[25]
                             赋值*/
    printf("\n 斐波那契数列的前 25 项的值如下：\n");
    for(i=1;i<=25;i++)
      {
       printf("%12d",f[i]);    /*循环输出 f 数组各元素的值*/
       if(i%5==0)printf("\n");/*每行输出 5 个元素，满 5 个就换
                                 下一行*/
      }
    return 0;
}
```

【运行结果】

```
斐波那契数列的前 25 项的值如下：
           1           1           2           3           5
           8          13          21          34          55
          89         144         233         377         610
         987        1597        2584        4181        6765
       10946       17711       28657       46368       75025
```

例 7.3 从键盘输入 8 个整数，将它们按逆序存放后输出其值。

【问题分析】

逆序存放操作可采用数组中前后对应元素值进行交换的方法来完成，即 arr[0]与 arr[7]，arr[1]与 arr[6]交换，以此类推。下标 i 从 0 开始，j 从 7 开始，循环条件 $i<j$。

【算法描述】

Step1：

(1) 定义数组 arr[8]；

(2) 循环输入完成数组的初始化工作；

Step2：循环变量 i=0，j=7；

Step3：重复执行下述操作，直至 $i \geqslant j$：

(1) arr[i]与 arr[j]进行交换；

(2) i++；j– –；

Step4：循环变量 i 从 0～7 循环执行下述操作：

(1) 输出 arr[i]；

(2) i++。

【程序代码】

```
/*eg7.3.c*/
#include <stdio.h>
int main()
{
     int i,j,temp,arr[8];
     printf("\n 请输入 8 个整数:\n");
     for(i=0;i<8;i++)      /*从键盘输入 8 个整数存入数组 arr*/
          scanf("%d",&arr[i]);
     printf("\n");
     for(i=0,j=7;i<j;i++,j--)
        /*将 arr 数组元素的值逆序排列并存入 arr 数组*/
     {
       temp=arr[i];
       arr[i]=arr[j];
       arr[j]=temp;
     }
    printf("\n 输出逆序后的数组元素值为:\n");
    for(i=0;i<8;i++)      /*输出 arr 数组中各元素的值*/
          printf("%4d",arr[i]);
    return 0;
}
```

【运行结果】

```
请输入 8 个整数:
2 8 9 10 7 6 4 3↙
输出逆序后的数组元素值为:
3  4   6   7  10   9  8  2
```

例 7.4　从键盘输入 10 个整数，用选择排序法对这 10 个整数从大到小进行降序排列。

【问题分析】

选择排序法的思想：若有 10 个数，从头到倒数第 2 个数一个一个往后走动，每走动一个数总是将这个数与其后的所有数进行两两比较，在比较时按从大到小的顺序将进行比较的两个数进行排序。即 $k=0$ 时，将 arr[0]～arr[9]中的最大值放在下标为 0 的位置上；不难看出，当 $k=i$ $(0\leqslant i\leqslant 8)$时，将 arr[$i$]～arr[9]中的最大数放在下标为 i 的位置上，这样当 i 从 0 到 8 一一取遍后，数组中的值就按从大到小的顺序排好了。

【算法描述】

Step1：

(1) 定义数组 arr[10]；

(2) 循环输入完成数组的初始化工作；

Step2：循环变量 i=0～8，重复执行下述操作：

(1) k=i;

(2) 循环变量 j=k+1～9，重复执行下述操作：

① if (arr[j]>arr[k]) k=j;

② j++;

(3) 将 arr[i]与 arr[k]值进行交换；

(4) i++;

Step3：循环输出数组的值。

【程序代码】

```
/*eg7.4.c*/
#include <stdio.h>
int main()
{
   int i,j,k,temp,arr[10];
   printf("\n 请输入 10 个整数:\n");
   for(i=0;i<10;i++)      /*从键盘输入 10 个整数存入数组 arr*/
       scanf("%d",&arr[i]);
   for(i=0;i<9;i++)      /*外循环控制比较轮数*/
     {
       k=i;
       for(j=i+1;j<10;j++)
           if(arr[j]>arr[k])  k=j;
           /*内循环比较 arr[i]到 arr[9]的值，将值最大的元素下标存入 k*/
           temp=arr[i];arr[i]=arr[k];arr[k]=temp;
                             /*将下标为 i 与 k 的数组元素值进行交换*/
     }
     printf("\n 输出排序后数组的值为:\n");
     for(i=0;i<10;i++)  /*输出排序后数组的值*/
              printf("%3d",arr[i]);
     return 0;
}
```

【运行结果】

```
请输入 10 个整数:
9 10 0 8 12 7 3 6 4 5↙
输出排序后数组的值为:
12  10   9   8   7  6  5  4  3  0
```

7.2　二维数组的定义和引用

在实际问题中，如果要表示一个 3×4 矩阵的数据，用一维数组不太合适。C 语言允许构造二维或多维数组，这里介绍二维数组。

7.2.1　二维数组的定义

二维数组的定义格式为：

```
类型说明符 数组名[常量表达式 1][常量表达式 2]
```

其中，类型说明符规定了数组元素的取值类型。常量表达式 1 定义了这个数组的行数；常量表达式 2 定义了这个数组的列数。两个常量表达式的要求与一维数组定义中的常量表达式相同。

例如：

```
int arr[4][5];
```

定义了一个 4 行 5 列的数组，数组名为 arr，数组元素的类型为整型。该数组有 20 个数组元素，所有数组元素如下：

```
arr[0][0],arr[0][1],arr[0][2],arr[0][3],arr[0][4]
arr[1][0],arr[1][1],arr[1][2],arr[1][3],arr[1][4]
arr[2][0],arr[2][1],arr[2][2],arr[2][3],arr[2][4]
arr[3][0],arr[3][1],arr[3][2],arr[3][3],arr[3][4]
```

可以把二维数组看成一种特殊的一维数组，上述二维数组 arr 可以看成由 4 个一维数组组成，每个一维数组中又包含了 5 个元素。这 4 个一维数组为 arr[0]，arr[1]，arr[2]和 arr[3]，第一个数组 arr[0]的各个元素为 arr[0][0]，arr[0][1]，arr[0][2]，arr[0][3]和 arr[0][4]。C 语言规定，二维数组元素在内存中是按先行后列的次序存放的，每行数据按列下标规定的顺序从小到大存放。

7.2.2　二维数组元素的引用

二维数组元素的引用格式为：

```
数组名[下标表达式 1][下标表达式 2]
```

其中，下标表达式 1、下标表达式 2 常称为“行下标”和“列下标”，且只能为整型常量、变量或表达式。

例如，int *i*, *j*; arr[3][4]，arr[*i*][*j*]，arr[2−1][*j*++]，都是合法的数组元素。

二维数组的引用与一维数组的引用基本一致，只不过二维数组要用两个下标。二维数组的两个下标都是从 0 开始的。

例如：

```
int arr[3][4];
```

其行下标取值为 0～2，列下标取值为 0～3。

注意：要严格区分 int arr[3][4]与 arr[3][4]的区别，前者定义了一个 3 行 4 列的数组，后者表示一个数组元素。

7.2.3　二维数组的初始化

二维数组初始化有以下几种方式。

1. 分行初始化

```
int arr[4][3]={{80,70,60},{61,71,81},{59,69,79},{45,57,80}};
```

这种方式最直观，内层每对花括号内的数据依次赋给 arr 数组的各行，即{80,70,60}赋给 arr[0]行，而{61,71,81}赋给 arr[1]行，以此类推。

2. 线性初始化

```
int arr[4][3]={80,70,60,61,71,81,59,69,79,45,57,80};
```

将所有数值写在一个大括号中，初始化效果与方式 1 相同，但没有方式 1 直观，特别是数据多时易遗漏，也不易检查。

3. 仅对部分元素初始化

```
int arr[3][4]={{2},{3,4},{5,6,7}};
```

这种初始化等价于：

```
int arr[3][4]={{2,0,0,0},{3,4,0,0},{5,6,7,0}};
```

系统自动将没有初始化的元素赋值为 0。

也可以只对部分行的部分元素初始化。

例如：

```
int arr[3][4]={{5},{6}};
```

等价于：

```
int arr[3][4]={{5,0,0,0},{6,0,0,0},{0,0,0,0}};
```

对于没有花括号的行，系统自动将此行的元素赋值为 0。

4. 省掉第一维长度的初始化，但第二维的长度必须指定

例如：

```
int arr[][3]={1,2,3,4,5,6,7,8,9};
```

第一维长度系统采用初值的个数除以列的长度来计算，此例中有 9 个初值，列的长度为 3，则行的长度为 3。上例等价于：

```
int arr[3][3]={1,2,3,4,5,6,7,8,9};
```

在分行初始化时也可以不指定第一维长度。

例如：

```
int arr[][3]={{80,75,92},{61,65,71},{59,63,70},{85,87,90}};
```

此例中，行的长度为初始化行数据的个数，即 4。

注意：如果在二维数组定义时不赋初值，则第一维、第二维的长度都不能省略，下列数组的定义错误。

```
int arr[][6];
int brr[][];
```

7.2.4　二维数组程序举例

例 7.5　从键盘输入一个 3 行 4 列的矩阵，将其行和列的元素值互换(矩阵转置)并输出。

【问题分析】

矩阵转置即将矩阵的行和列进行互换，使其行成为列，列成为行。

【算法描述】

Step1：定义数组 *a*[3][4]并从键盘输入初值将其初始化，定义数组 *b*[4][3]用来存放矩阵转置后的值；

Step2：循环行变量 *i* =0～2，重复执行下述操作；

(1) 循环列变量 *j* =0～3，重复执行下述操作：

① *b*[*j*][*i*]=*a*[*i*][*j*];

② *j*++;

(2) *i*++;

Step3：循环输出 *b*[4][3]矩阵转置后的值。

【程序代码】

```
/*eg7.5.c*/
#include <stdio.h>
int main()
{
```

```
    int i,j, a[3][4],b[4][3];
    printf("\n 请输入 3 行 4 列的矩阵为: \n");
    for(i=0;i<3;i++)                /*输入 3 行 4 列的矩阵存入数组 a 中*/
        for(j=0;j<4;j++)
          scanf("%d",&a[i][j]);
    for(i=0;i<3;i++)                /*将 a 数组转置结果存入 b 数组*/
        for(j=0;j<4;j++)
          b[j][i]=a[i][j];
    printf("\n 转置后的矩阵为: \n");
    for(i=0;i<4;i++)                /*输出 b 数组*/
    {for(j=0;j<3;j++)
          printf("%5d",b[i][j]);
     printf("\n");
    }
    return 0;
}
```

【运行结果】

```
请输入 3 行 4 列的矩阵为:
    1   2   3   4
    5   6   7   8
    9   10   11  12
```

```
转置后的矩阵为:
    1     5     9
    2     6     10
    3     7     11
    4     8     12
```

例 7.6　定义一个 5×5 的二维数组并赋初值，求出数组周边元素的平均值，并在屏幕上打印出该二维数组及其计算的平均值。

【问题分析】

二维数组周边元素即第一行、最后一行及第一列、最后一列的所有元素(注意：一个元素只计算一次，重复元素只计算一次)。

【算法描述】

Step1：定义数组 arr[5][5]并初始化，定义求和变量 sum=0，计数值 k=0;

Step2：循环变量 i=0～4，重复执行下述操作：

(1) 循环列变量 j=0～4，重复执行下述操作：

① if(i = =0||i = =4||j = =0||j = =4);

② sum=sum+arr[i][j]；k++;

③ j++;

(2) i++;

Step3：循环输出 arr[5][5]数组中全部元素的值；

Step4：输出周边元素的平均值 sum/k。

【程序代码】

```
/*eg7.6.c*/
#include <stdio.h>
int main()
{
  int i,j,k=0,sum=0;
  int arr[5][5]={{0,1,2,7,9},{1,9,7,4,5},{2,3,8,3,1},{4,5,6,8,
  2},{5,9,1,4,1}};
  for(i=0;i<5;i++)                    /*计算周边元素的和，并计数*/
    for(j=0;j<5;j++)
      if(i==0||i==4||j==0||j==4)
        {
          sum+=arr[i][j];
          k++;
        }
  printf("\n 输出 arr 数组元素，每行 5 个元素：\n");
  for(i=0;i<5;i++)
  {
    for(j=0;j<5;j++)
      printf("%6d",arr[i][j]);
    printf("\n");
  }
  printf("\n");
  printf("\n arr 数组周边元素的平均值为：%f\n",sum*1.0/k);
  return 0;
}
```

【运行结果】

```
输出 arr 数组元素，每行 5 个元素：1
0  1  2  7  9
1  9  7  4  5
2  3  8  3  1
4  5  6  8  2
5  9  1  4  1

arr 数组周边元素的平均值为：3.375000
```

7.3 用字符数组表示字符串

字符数组就是用来存放字符数据的数组，其中每个元素存放的都是一个字符。

7.3.1 字符数组的定义

字符数组定义与前面介绍的数值型数组定义方法相同。

例如：

```
char ch[8];/*ch 是一维字符数组，长度是 8，可以存放 8 个字符*/
char str[3][10];/*str 是二维字符数组，3 行，每行存放 10 个字符*/
```

7.3.2 字符数组的初始化

C 语言中，用双引号括起来的一串字符称为字符串常量，其中可以包含各种转义字符。由于 C 语言中没有字符串数据类型，所以常用字符数组存放字符串。

C 语言规定用'\0'作为一个字符串的结束标志，'\0'是一个不可显示的字符，其 ASCII 值为 0，代表“空操作”，即什么也不做，'\0'仅作为一个字符串的结束标志，它并不属于该字符串，在统计字符串长度时不包含它，但需要一字节存储它。字符数组初始化有以下两种方式。

1. 以字符常量对字符数组初始化

例如：

```
char  ch[10]={'H','a','p','p','y','□','d','a','y','!'};/*□表示空格*/
```

把 10 个字符依次赋给 ch[0]～ch[9]。此时字符数组的状态如下：

ch[0]	ch[1]	ch[2]	ch[3]	ch[4]	ch[5]	ch[6]	ch[7]	ch[8]	ch[9]
H	a	p	p	y		d	a	y	!

若定义字符数组时不进行初始化，则数组中各元素的值是不可预知的。若花括号中提供的初值个数大于数组长度，则编译时出现语法错误；若小于数组长度，则只将这些字符赋给数组前面那些元素，其余的元素自动定为空字符(即'\0')。

例如：

```
char ch[10]={'H','e','l','l','o','!'};
```

数组状态如下：

ch[0]	ch[1]	ch[2]	ch[3]	ch[4]	ch[5]	ch[6]	ch[7]	ch[8]	ch[9]
H	e	l	l	o	!	\0	\0	\0	\0

若提供的初值个数与预定的数组长度相同，则定义时可以省略数组长度，系统会自动根据初值个数确定数组长度。

例如：

```
char ch[ ]={'H','e','l','l','o','!'};
```

数组 ch 的长度自动定为 6，可以不用人工去数字符的个数，赋值时若字符个数较多，这种方式较为方便。

2. 以字符串常量对字符数组初始化

例如：

```
char ch[ ]={"I am a student!"};
```

或者写成：

```
char ch[ ]="I am a student!";
```

字符串常量的一对双引号不能去掉。双引号不属于字符串，它只是一个定界符。字符串常量的后面，由系统自动加上一个'\0'。此时字符数组 ch 的长度为 16。

也可以定义和初始化一个二维字符数组。

例如：

```
char s[4][10]={"Nanjing","Hefei","Wuhu","Anqing"};
```

或

```
char s[][10]={"Nanjing","Hefei","Wuhu","Anqing"};
```

用 4 个字符串对数组 *s* 赋初值。

注意：对二维字符数组初始化时，花括号不能省略。

字符数组定义后，在程序中对字符数组只能以数组元素为单位进行赋值，不能对字符数组整体赋值。

例如：

```
char ch[10];
ch="Good!";/*错误*/
ch[0]='G';ch[1]='o';ch[2]='o';ch[3]='d';ch[4]='!';/*正确*/
```

7.3.3 字符数组的输入和输出

字符数组的输入和输出有两种方法。

1. 用“%c”格式符逐个字符输入或输出

例 7.7　从键盘上输入一个字符串并输出。

【程序代码】

```
/*eg7.7.c*/
#include <stdio.h>
int main()
{
  int i;
  char ch[10];
  for(i=0;i<10;i++)
    scanf("%c",&ch[i]);    /*从键盘逐个输入字符给字符数组*/
  printf("\n");
  for(i=0;i<10;i++)
    printf("%c",ch[i]);  /*逐个输出字符数组中的字符*/
  return 0;
}
```

【运行结果】

```
从键盘输入：Good Luck!↙
屏幕显示：  Good Luck!
```

2. 用“%s”格式符输入或输出整个字符串

(1) 用“%s”格式符输入字符串时，输入项是字符数组名而不能是数组元素，且数组名前不能加地址符号&。

例如：

```
char str[20];
scanf("%s",str);
```

(2) 用“%s”格式符输入字符串时，输入的字符串以空格、Tab 键、回车作为结束标志。上述 scanf 函数运行时，如果键盘输入：

```
Hello everybody!↙
```

则数组 str 接收的字符串是“Hello”，而不是“Hello everybody!”。

(3) 用“%s”格式符输出字符串时，输出项是字符数组名而不能是数组元素。

例如：

```
printf("%s",str);
```

(4) 用“%s”格式符输出字符串时，遇到字符串中的第一个'\0'就输出结束，后面如果还有字符串不再输出。

例如：

```
char c[20]="China\0Beijing";
printf("%s",c);
```

屏幕输出“China”，而不是“China\0Beijing”。

(5) 如果字符数组中没有结束标志'\0'，用"%s"格式符输出，除了输出字符数组中的字符，后面还会出现其他字符。

例如：

```
char c[5]={'c','h','i','n','a'};
printf("%s",c);
```

屏幕输出“China 烫汤”。

这是因为字符数组 *c* 中没用结束标志'\0'，"%s"格式符在输出 *c* 中的字符后，继续向后输出，直到遇到'\0'为止。

7.3.4　字符串处理函数

C 函数库中提供了一些用来处理字符串的函数，使用方便。在使用字符串处理函数前要包含一些头文件，输入、输出的字符串函数包含在头文件 stdio.h 中，其他的字符串处理函数包含在头文件 string.h 中。

1. puts 函数

格式：puts (字符数组)。

功能：puts 函数将一个字符串输出到屏幕。

例 7.8　用 puts 函数输出字符串。

【程序代码】

```
/*eg7.8.c*/
#include <stdio.h>
int main()
{
  char ch[]="China\nNanjing";/*定义和初始化字符数组*/
  puts(ch);                  /*输出字符串*/
  return 0;
}
```

【运行结果】

```
China
Nanjing
```

说明：puts 函数可以使用转义字符(\n)，同时将字符结束'\0'转换成'\n'，即输出完字符后换行。puts 函数可以用 printf 函数替代。当需要按一定格式输出时，通常使用 printf 函数。

2. gets 函数

格式：gets(字符数组)。

功能：gets 函数从键盘上输入一个字符串存入指定的字符数组中，函数得到一个返回值，即字符数组的起始地址。

例 7.9　用 gets 函数输入字符串。

【程序代码】

```
/*eg7.9.c*/
#include <stdio.h>
int main()
{
  char str[20];  /*定义字符数组 str*/
  gets(str);     /*从键盘输入字符串放入字符数组 str*/
  puts(str);     /*输出字符数组 str 中的字符串*/
  return 0;
}
```

【运行结果】

```
从键盘输入：Good Morning! ↙
屏幕显示：Good Morning!
```

说明：gets 函数并不以空格作为字符串输入结束的标志，而只以回车作为输入结束的标志。所以上例中当输入字符串中含有空格时，输出仍为全部字符串。这与 scanf 函数中使用“%s”格式符是不同的。

3. strcat 函数

```
格式：strcat(字符数组 1，字符数组 2)。
```

功能：strcat 函数连接字符数组中的字符串，把字符串 2 接到字符串 1 的后面，结果存放在字符数组 1 中。本函数返回值是字符数组 1 的首地址。

例 7.10　将两个字符串用 strcat 函数连接起来。

【程序代码】

```
/*eg7.10.c*/
#include <stdio.h>
#include <string.h>
int main()
{
  char str1[30]= "My hometown is "; /*定义字符数组 str1*/
  char str2[ ]="Tongcheng.";        /*定义字符数组 str2*/
  strcat(str1,str2);                /*连接两个字符串*/
```

```
  printf("%s\n",str1);
  return 0;
}
```

【运行结果】

```
My hometown is Tongcheng.
```

说明：

(1) 字符数组 1 必须足够大，以便容纳连接后的新字符串。

(2) 连接前，两个字符串后面都有一个'\0'，连接时将字符串 1 后面的'\0'删除，只在新串最后保留一个'\0'。

(3) 字符数组 2 可以是字符数组名，也可以是字符串常量。

例如：

```
strcat(str1,"Wuhu");
```

4. strcpy 函数

```
格式：strcpy (字符数组 1，字符数组 2)。
```

功能：strcpy 函数把字符数组 2 中的字符串复制到字符数组 1 中。字符串结束标志'\0'也一同复制。

例 7.11 将字符串赋给另一个字符数组，用 strcpy 函数实现。

【程序代码】

```
/*eg7.11.c*/
#include <stdio.h>
#include <string.h>
int main()
{
  char str1[30]="Nanjing";
  char str2[ ]="Hefei";
  strcpy(str1,str2);
  puts(str1);
  return 0;
}
```

【运行结果】

```
Hefei
```

说明：

(1) 字符数组 1 应有足够的长度，否则不能全部装入所复制的字符串。

(2) 字符数组 2 也可以是一个字符串常量，这时相当于把一个字符串赋予一个字符数组。

(3) 不能用赋值语句将一个字符串常量或字符数组直接赋给一个字符数组。

例如：

```
str1=str2;         /*错误*/
str1="Nanjing";    /*错误*/
```

5. strcmp 函数

```
格式：strcmp(字符数组 1，字符数组 2)。
```

功能：strcmp 字符串比较规则为对两个字符串自左至右逐个字符比较其 ASCII 码值，直到出现不同的字符或遇到'\0'为止。若全部字符相同，则认为相等；若出现不同的字符，则以第一个不相同的字符的比较结果为准。比较结果由函数值带回。

(1) 若字符串 1=字符串 2，则函数值=0。

(2) 若字符串 1>字符串 2，则函数值>0。

(3) 若字符串 1<字符串 2，则函数值<0。

例 7.12 比较两个字符串的大小，用 strcmp 函数实现。

【程序代码】

```
/*eg7.12.c*/
#include <stdio.h>
#include <string.h>
int main()
{
  int i;
  char str1[30];
  char str2[ ]="Hello everyone!";
  printf("\n input a string:");
  gets(str1);
  k=strcmp(str1,str2);
  if(i==0) printf("str1=str2\n");
  if(i>0) printf("str1>str2\n");
  if(i<0) printf("str1<str2\n");
  return 0;
}
```

【运行结果】

```
input a string:Hello! ↙
str1>str2
```

字符数组 str1、str2 的前 5 个字符都是“Hello”，str1 中的第 7 个字符“!”大于 str2 中的第 7 个字符“ ”，因此 st1>st2。

6. strlen 函数

```
格式：strlen(字符数组)。
```

功能：strlen 函数测试字符串的实际长度(不含字符串结束标志'\0')并作为函数返回值。例如：

```
strlen("China")
5
```

7. strupr 函数

```
格式：strupr(字符数组)。
```

功能：strupr 函数将已赋值的字符数组(或字符串常量)中的小写字母转换成大写字母。

8. strlwr 函数

```
格式：strlwr(字符数组)。
```

功能：strlwr 函数将已赋值的字符数组(或字符串常量)中的大写字母转换成小写字母。

7.3.5　字符数组应用举例

例 7.13　编写一个程序，从键盘输入两个字符串分别存入两个字符数组 str1 和 str2 中，用字符串 str2 替换字符串 str1 前面的所有字符，注意：str2 的长度不大于 str1，否则需要重新输入。

【问题分析】

先从键盘输入两个字符串存入两个字符数组 str1 和 str2，测试两个串的串长，若 str2 的长度大于 str1，需要重新输入。然后通过循环将 str2 字符串结束符'\0'之前的所有字符依次复制到 str1 数组中。

【算法描述】

Step1：定义两数组 str1[81]和 str2[81]；

Step2：从键盘输入两个字符串存入两个字符数组 str1 和 str2，并用循环程序检测 str2 的长度不能大于 str1 的长度，否则需要重新输入；

Step3：用循环结构将 str2 字符串结束符'\0'之前的所有字符依次复制到 str1 数组中。

【程序代码】

```
/*eg7.13.c*/
#include <stdio.h>
#include <string.h>
int main()
{
  int i;
```

```
  char str1[81],str2[81];
  do
  {
    printf("\nInput str1: ");
    gets(str1);
    printf("\nInput str2: ");
    gets(str2);
  }while(strlen(str1)<strlen(str2));
  for(i=0;str2[i]!='\0';i++)
    str1[i]=str2[i];
  printf("\nDisplay str1: ");
  puts(str1);
  return 0;
}
```

【运行结果】

```
Input str1:abcdefg↙
Input str2:qwert↙
Display str1:qwertfg
```

例 7.14　输入 4 个字符串，并输出其中最小者。

【问题分析】

定义一个二维字符数组存放 4 个字符串，定义一个一维字符数组存放小的字符串，用 strcmp 函数对字符串进行比较，并将小的字符串用 strcpy 函数存入一维字符数组中。

【算法描述】

Step1：定义二维数组 str[4][40]和一维数组 min[40]；

Step2：从键盘输入第一个字符串给 str[0]，并将其赋给 min；

Step3：循环变量 *i*=1～3，重复执行下述操作：

(1) gets(str[*i*]);

(2) if(strcmp(str[*i*],min))<0　strcpy(min,str[*i*]);

(3) *i*++;

Step4：输出 min。

【程序代码】

```
/*eg7.14.c*/
#include <stdio.h>
#include <string.h>
int main()
{
  int i;
  char str[4][40],min[40];
  gets(str[0]);  /*从键盘输入第 1 个字符串存入数组 str[0]*/
```

```
    strcpy(min,str[0]);          /*将 str[0]存入数组 min*/
    for(i=1;i<4;i++)
    {gets(str[i]);               /*从键盘输入第 i 个字符串存入数组 str[i]*/
    if(strcmp(str[i],min)<0)     /*若 str[i]大于min，将 str[i]存于min*/
      strcpy(min,str[i]);}
    printf("The smallest string is: %s\n",min);/*输出最小字符串*/
    return 0;
}
```

【运行结果】

```
CHINA↙
HOLLAND↙
AMERICA↙
ENGLAND↙
The smallest string is: AMERICA
```

7.4　数组作为函数参数

与变量一样，数组也可以作为函数的参数。数组用作函数参数有两种形式。

(1) 数组元素作为函数的实际参数，其用法与变量相同。

(2) 用数组名作为函数的形式参数或实际参数，传递的是数组的首地址。

7.4.1　数组元素作为函数实际参数

数组元素是下标变量，它和普通变量一样。在函数调用时，数组元素作为函数的实参，与变量做实参一样，是单向的值传递。

例 7.15　编写一个函数判别一个整数数组中各元素的值，若大于 0 则输出该值，若小于等于 0 则输出 0 值。

【程序代码】

```
/*eg7.15.c*/
#include <stdio.h>
void cmp_big(int t)             /*子函数，如果 t>0 就输出 t，否则输出 0*/
{
  if(t>0)
     printf("%3d ",t);
  else
     printf("%3d ",0);
}
```

```
int main()
{
  int num[6],i;
  printf("input 6 numbers:\n");
  for(i=0;i<6;i++)                    /*从键盘输入 6 个值存入数组 num*/
    scanf("%d",&num[i]);
  printf("\n");
  for(i=0;i<6;i++)                    /*以数组元素 num[i]作为实参，循环
                                      调用函数 cmp_big*/
    cmp_big(num[i]);
  return 0;
}
```

【运行结果】

```
input 6 numbers:
-3  4  -6  5  -8   6↙
0   4  0  5   0   6
```

7.4.2 数组名作为函数参数

数组名可以作为函数参数，此时主调函数的实参与被调函数的形参都应用数组名(或指针，见第 9 章)，而且数据类型应相同。

例 7.16 编写一个函数，其功能是把 str 数组中的字母转换成紧接着的下一个字母，或原来的字母为“z”或“Z”，则相应转换成“a”或“A”，结果仍保存在原数组中。

【程序代码】

```
/*eg7.16.c*/
#include <stdio.h>
#include <string.h>
#define N 80
void fun(char s[])    /*子函数 fun，s[]为形参数组，N 为数组长度*/
{
  int i;
  for(i=0;s[i]!='\0';i++)
  {
    if(s[i]=='z'||s[i]=='Z')
      s[i]-=25;
    else
      s[i]+=1;
  }
```

```
}
int main( )
{
    char str[N];
    printf("\n Input a string:");
    gets(str);
    printf("\n *** original string *** \n");
    puts(str);
    fun(str);    /*调用子函数 fun,str 为实参数组*/
    printf("\n *** new string *** \n");
    puts(str);
    return 0;
}
```

【运行结果】

```
Input a string: StudentZz↙
*** original string ***
StudentZz
*** new string ***
TuvefouAa
```

注意：

(1) 用数组名作为函数参数，实参与形参的数据类型应一致，否则会出错。

(2) 实参数组与形参数组若是一维的，形参数组的长度可以不指定；若是二维的，形参数组的第一维长度可以不指定，但第二维的长度必须指定。

(3) 用数组名作为函数实参时，不是把实参数组的值传递给形参数组，而是把实参数组的起始地址传递给形参数组，实际上是形参数组和实参数组为同一数组，共同拥有一段内存空间。这一点与数组元素作为实参是不同的。在程序设计时可以通过改变形参数组元素的值，实现对实参数组元素值的改变。

7.5　数组综合实例

例 7.17　输入计算机专业 10 个学生 5 门课程的成绩，要求：

(1) 计算每个学生的总分。

(2) 计算每门课程的平均分。

(3) 按学生总分降序排列。

(4) 输出学生成绩表。

【问题分析】

10 个学生 5 门课程及学号这些信息需要 10 行 6 列来存储，用一个二维数组表示。定义数组时，增加一行存放每门课程的平均分，增加一列用来表示每个学生的总分，因此定义一个 11 行 7 列的二维数组，把成绩、总分和平均分都放在一个数组中便于处理。由于平均分会出现小数，所以数组的数据类型定义为 float 型。行、列的长度用符号常量表示，如果学生人数或课程数改变，只需修改符号常量。

学生信息的输入、计算学生的总分、每门课程的平均分、按总分排序和输出成绩表，分别用子函数实现。

【算法描述】

Step1：定义两维数组 stu[11][7]；

Step2：定义下列子函数：

(1) 输入学生成绩函数 input_score；

(2) 计算总分和平均分函数 aver_score；

(3) 用选择法对总分降序排列函数 sort_score；

(4) 输出学生成绩表函数 output_score；

Step3：在主函数中依次调用上述子函数。

【程序代码】

```
/*eg7.17.c*/
#include <stdio.h>
#define N 11                                    /*行长度*/
#define M 7                                     /*列长度*/
/*输入学生成绩*/
void input_score(float inscore[N][M],int n,int m)
{
  int i,j;
  printf("请输入学生成绩：\n");
  printf("学号 大学英语 高等数学 C程序设计 电子技术 计算机导论\n");
  for(i=0;i<n;i++)
  {
    for(j=0;j<m;j++)
    {
      scanf("%f",&inscore[i][j]);
      printf("  ");
    }
    printf("\n");
  }
}
/*计算总分、平均分*/
void aver_score(float avscore[N][M],int n,int m)
{
  int i,j;
```

```
  for(i=0;i<n-1;i++)
    for(j=1;j<m-1;j++)
    {
      avscore[i][m-1]+=avscore[i][j];
      avscore[n-1][j]+=avscore[i][j]/(float)(N-1);
      avscore[n-1][m-1]+=avscore[i][j]/(float)(N-1);
    }
}
/*用选择法对总分降序排列*/
void sort_score(float soscore[N][M],int n,int m)
{
  int i,j,k;
  float temp;
  for(i=0;i<n-1;i++)
  {
    k=i;
    for(j=i+1;j<n;j++)
      if(soscore[j][m-1]<soscore[k][m-1])
        k=j;
      temp=soscore[i][m-1];
      soscore[i][m-1]=soscore[k][m-1];
      soscore[k][m-1]=temp;
  }
}
/*输出学生成绩表*/
void output_score(float outscore[N][M],int n,int m)
{
  int i,j;
  printf("\n 输出学生成绩: \n");
  printf("学号 大学英语 高等数学 C 程序设计 电子 技术计算机导论 总分\n");
  for(i=0;i<n-1;i++)
    {
      for(j=0;j<m;j++)
      {
        printf("%4.0f",outscore[i][j]);
        printf("    ");
      }
      printf("\n");
```

```
    }
  printf("平均分: ");
  for(j=1;j<m;j++)
  {
    printf("%4.2f",outscore[n-1][j]);
    printf("   ");
  }
  printf("\n");
}
int main()
{
  float stu[N][M]={0.0};                    /*定义二维数组*/
  input_score(stu,N-1,M-1);                 /*以下分别调用子函数*/
  aver_score(stu,N,M);
  sort_score(stu,N-1,M);
  output_score(stu,N,M);
  return 0;
}
```

【运行结果】

```
请输入学生成绩:
学号   大学英语   高等数学   C程序设计   电子技术   计算机导论
101      89         90         97          89         90
102      78         98         90          87         86
103      89         90         78          98         96
104      87         89         90          76         89
105      78         98         90          87         98
106      89         90         78          90         98
107      87         98         76          90         96
108      87         89         90          78         90
109      98         90         89          78         90
110      87         89         90          78         90
输入学生成绩:
学号  大学英语  高等数学  C程序设计  电子技术  计算机导论  总分
101     89        90        97         89        90        431
```

```
102     78      98      90      87      86      434
103     89      90      78      98      96      434
104     87      89      90      76      89      439
105     78      98      90      87      98      445
106     89      90      78      90      98      445
107     87      98      76      90      96      447
108     87      89      90      78      90      451
109     98      90      89      78      90      451
110     87      89      90      78      90      455
平均分  86.90   92.10   86.80   85.10   92.3    443.20
```

本 章 小 结

数组是程序设计中最常用的数据结构。本章主要介绍了一维、二维数组的定义、初始化及引用；用字符数组表示字符串；数组作为函数参数。

通过本章的学习，要求能熟练运用数组解决实际问题。掌握常用的字符串处理函数，熟练运用数组名作为函数参数，在子函数中通过改变形参数组的值，实现对实参数组值的改变。

第 8 章　编译预处理

预处理是指源程序编译前，系统首先自动对源程序中的预处理命令部分进行处理，处理完毕后的源程序就不再包含预处理命令，系统再自动进入对预处理后的源程序的编译。程序中使用预处理命令是为了提高程序的可读性和可移植性。

本章将介绍宏定义、文件包含、条件编译这三种预处理命令。

8.1　宏　定　义

#define 命令是 C 语言预处理命令中的宏定义命令。宏，就是在 C 语言源程序中允许用一个标识符表示一个字符串，而该标识符就称为宏名。宏定义命令有两种格式：不带参数的宏与带参数的宏定义。

8.1.1　不带参数的宏

不带参数的宏即无参宏，其定义的一般形式如下：

```
#define    标识符    字符串
```

出现在宏定义命令“#define”后的“标识符”就是宏名，定义中的“字符串”则称为宏体，宏体可以是常数、表达式等。

无参宏调用的一般形式如下：

```
宏名
```

无参宏的调用可以出现在表达式中，也可以出现在语句中。

在程序被编译前，即预处理阶段，先将源程序中的宏名用宏体替换，这称为宏替换，替换完成后再进行编译。此处的宏替换就是实现简单的字符串替换。例如：

```
#define CNT 3
```

CNT 是宏名，表达式 3 是宏体。在主函数体内有如下宏调用语句：

```
int arr[CNT];
```

那么，在预处理阶段将程序中的 CNT 替换成 3，这就是宏替换。

说明：

(1) 宏定义一般写在程序的开头。

(2) 宏定义是命令不是语句，其末尾不加分号，若加了分号则连同分号一起进行宏替换。

(3) 宏名一般用大写字母。

(4) 宏名不用双引号括起来，若用双引号括起来，则不做宏替换。

(5) 宏替换仅仅是字符串替换，不做任何语法检查。

(6) 宏定义可以嵌套。

例 8.1　计算 5 个实数的平均值并输出。

【问题分析】

定义一个一维数组 *x* 来存储 5 个实数的值，其中数组个数 5 用无参宏 NUM 表示。使用循环计算数组 *x* 的所有元素的和 sum，循环结束时计算并输出 sum/NUM 的值。

【算法描述】

Step1：定义无参宏 NUM；

Step2：定义并初始化数组 *x*；

Step3：定义变量 sum，用以存储和，并初始化为 0；

Step4：循环变量 *i*=0～NUM−1，循环执行下述操作：

(1) sum=sum+*x*[*i*];

(2) *i*++;

Step5：计算并输出 sum/NUM 的值。

【程序代码】

```
/*eg8.1.c*/
#include <stdio.h>
#define NUM 5                          /*定义宏 NUM*/
int main()
{
  double x[NUM]={3,5,9,2,4};         /*定义并初始化数组*/
  double sum=0;                      /*sum 用来存储和*/
  int i;                             /*循环控制变量*/
  for(i=0; i<NUM; i++)
    sum=sum+x[i];                    /*求 x 数组中 NUM 个元素的和*/
  printf("平均值为:%.2f\n",sum/NUM);
  return 0;
}
```

【运行结果】

```
平均值为:4.60
```

例 8.1 的程序在预处理阶段，main 函数中的宏调用 NUM 均会被替换为 5，然后才进入编译阶段。

程序中之所以采用无参宏 NUM，是为了简化程序，便于程序修改。假设在问题求解时需要数组元素为 7 个，则只需要在宏定义处修改 5 为 7 即可，不需要在程序中进行多次数组元素个数的修改。

宏定义中的宏体不但可以是数值常量，还可以是 C 语句和表达式等。另外宏还允许嵌套定义，即宏定义的宏体中可以含有已定义的宏名。下面的例 8.2 就是嵌套宏定义的实现。

例 8.2　输入圆的半径，输出圆的周长(使用宏嵌套完成)。

【问题分析】

定义无参宏 PI 表示圆周率，无参宏 *L* 表示圆周长。在主函数中输入圆的半径后，调用宏 *L* 并输出。

【算法描述】

Step1：定义无参宏 PI；

Step2：定义无参宏 *L*；

Step3：输入圆的半径 *r*；

Step4：输出时调用宏 *L*。

【程序代码】

```
/*eg8.2.c*/
#include <stdio.h>          /*包含文件*/
#define PI 3.141593         /*宏 PI 定义*/
#define L 2*PI*r            /*宏 L 定义，表示周长*/
int main()
{
  double r;                 /*存放半径*/
  printf("请输入圆的半径:");
  scanf("%lf",&r);
  printf("周长=%f\n",L);
  return 0;
}
```

【运行结果】

```
请输入圆的半径:2
周长=12.566372
```

在预处理阶段对例 8.2 程序中的宏调用进行第一次宏替换，结果为“printf("周长=%f\n", 2*PI*r);”，因为结果中仍然存在宏调用，进行第二次宏替换后得到“printf("周长=%f\n", 2*3.141593*r);”。

需要注意的是，宏名的有效范围是从宏定义开始到本源程序文件结束。但是，如果有预处理命令#undef，则宏终止。

例 8.3　用#undef 终止宏定义的有效性。

【程序代码】

```
/*eg8.3.c*/
#define X printf("hello\n");                /*定义宏 X*/
```

```
            /*X 是宏名，宏体是输出语句：printf("hello\n"); */
#include <stdio.h>
void f();       /*声明函数 f*/
int main()
{
  f();          /*调用函数 f*/
  return 0;
}
#undef  X       /*取消宏 X 的定义*/
void f()        /*定义函数 f*/
{
  X             /*宏的无效调用*/
}
```

此程序在编译时会报错，因为宏 *X* 的有效范围是从 *X* 的定义开始到 main 函数结束，在 *f* 函数中 *X* 的定义失效，因此，在函数 *f* 中无法调用宏 *X*。

8.1.2　带参数的宏

带有参数的宏即带参宏，其定义的一般形式如下：

```
#define   宏名(参数表)  字符串
```

带参宏调用的一般形式为：

```
宏名(实参表);
```

带参宏在宏替换时不仅做简单的字符替换，还要完成参数替换。

例 8.4　使用带参宏，完成圆面积的计算。

【问题分析】

定义无参宏 PI 表示圆周率，带参宏 *S*(*x*)表示圆面积的计算。在主函数中确定圆的半径 radius 后，调用宏 *S* 计算并输出。

【算法描述】

Step1：定义无参宏 PI;

Step2：定义带参宏 *S*(*x*);

Step3：输入圆的半径 radius;

Step4：调用宏 *S*(radius)，得到面积值并输出。

【程序代码】

```
/*eg8.4.c*/
#define PI 3.14         /*定义无参宏 PI*/
#define S(x) PI*x*x     /*定义带参宏 S*/
```

```
#include <stdio.h>
int main()
{
  double radius,area;/*radius 存放半径，area 存放面积*/
  radius=3;
  area=S(radius);   /*调用宏 S*/
  printf("半径为%.1f 的圆面积为%4.1f\n",radius,area);
  return 0;
}
```

【运行结果】

```
半径为 3.0 的圆面积为 28.3
```

程序运行结果分析：程序在执行调用宏 *S* 时，用值 3.14 代替无参宏的宏名 PI，用实参 radius 代替形参 *x*，经预处理宏展开后给 area 赋值的语句为：

```
area=3.14*radius*radius;
```

需要注意的是，不管是无参宏还是带参宏，都是预处理命令，在预处理阶段都是用宏体替换宏名，一直到替换后不存在宏名为止，而这整个过程中只有替换。

例 8.5　带参数的宏替换示例。

【程序代码】

```
/*eg8.5.c*/
#define PF1(x) x*x
#define PF2(x) (x)*(x)
#include <stdio.h>
int main()
{
  int a=2,b=3,c1,c2;
  c1=PF1(a+b)/PF1(a);  /*宏调用 1*/
  c2=PF2(a+b)/PF2(a);  /*宏调用 2*/
  printf("c1=%d\nc2=%d\n",c1,c2);
  return 0;
}
```

【运行结果】

```
c1=10
c2=24
```

程序运行结果分析：在宏调用 1 处，PF1(*a*+*b*)是用实参 *a*+*b* 替换形参 *x*，PF1(*a*)是用实参 *a* 替换形参 *x*，经预处理宏展开后的语句为：

```
c1=a+b*a+b/a*a
```

在宏调用 2 处，PF2(*a*+*b*)是用实参 *a*+*b* 替换形参 *x*，PF2(*a*)是用实参 *a* 替换形参 *x*，经预处理宏展开后的语句为：

```
c2=(a+b)*(a+b)/(a)*(a)
```

当程序运行时，将 *a* 和 *b* 的值即 *a* =2，*b* =3 代入运算，得到的结果为 c_1=10，c_2=24。此处，要注意 C 语言中两个整数相除，其结果仍是整数。

例 8.6　现有 3 个正方体容器，已知它们的边长分别为 9cm、20cm 和 15cm，现在 3 个容器的边长都增加 3cm,则这 3 个容器的容积增加了多少厘米？要求容器容积计算使用宏完成。(计算时忽略材料的厚度)

【问题分析】

定义宏 NUM 为 3，表示数组元素个数；定义数组 *a*[NUM]，用以存放容器的边长；定义数组 *v*[NUM]，用以存放容器增加的容积值。循环计算每个容器的容积增加值并输出，循环体中容积计算使用宏 VOL(*x*)完成，其中宏体中 *x* 必须用小括号括起来。

【算法描述】

Step1：定义无参宏 NUM，表示数组元素个数；

Step2：定义带参宏 VOL(*x*)，表示立方体容积计算公式；

Step3：定义并初始化数组 *a*[NUM]，定义数组 *v*[NUM]；

Step4：循环变量 *i* =0～2，循环执行如下操作：

(1) *v*[*i*]=VOL(*a*[*i*]+3)–VOL(*a*[*i*])；

(2) 输出 *v*[*i*]；

(3) *i*++。

【程序代码】

```
/*eg8.6.c*/
#include <stdio.h>                /*包含头文件*/
#define NUM 3                     /*定义无参宏 NUM*/
#define VOL(x) (x)*(x)*(x)        /*定义带参宏 VOL(x)*/
int main()
{
  int a[NUM]={9,20,15},v[NUM],i;
  for(i=0;i<3;i++)
  {
    v[i]=VOL(a[i]+3)-VOL(a[i]);
    printf("%d ",v[i]);
  }
```

```
    return 0;
}
```

【运行结果】

```
999 4167 2457
```

8.2 文件包含

在进行软件开发时，通常会将程序划分为多个模块，而这些模块可能由多个程序员分别编写，每个程序员将编写的模块代码放在各自的文件中。程序员可以将多个模块共同的数据或函数，集中到某个单独的文件中进行声明。当需要使用这些公用的数据或函数时，只需要将声明的文件包含进来即可，不必再重复定义这些数据和函数，从而可以减少重复劳动。

8.2.1 库函数的使用

本章所给出的程序基本上都使用了文件包含命令#include。在 C 语言的程序设计中，当编程者使用系统的库函数时，需要在程序中包含该库函数所在的头文件(*.h 文件)，然后才能正常使用该函数。在一个程序中可以有多个文件包含命令。

例 8.7 猜数游戏。由计算机随机产生一个数 num，其中 1≤num≤100，用户猜测这个数是多大，并将猜测的数 *x* 输入，直到用户猜对为止；最后，输出用户猜测的总次数。在猜数过程中，若 *x* 比 num 大，则显示“大了”；若 *x* 比 num 小，则显示“小了”；若 *x* 就是 num，则显示“真棒!”。

【问题分析】

这个题目首先要产生一个随机数，而C语言在<stdlib.h>中提供了产生随机数的函数 int rand，该函数返回的是一个 0～32767 的整型伪随机数。因为 rand 函数是按指定的顺序来产生整数的，因此，多次运行程序时会发现随机数每次都一样。为了使程序每次执行时都能生成不同的随机数，就需要为随机数生成器提供一个新的随机种子，<stdlib.h>中的函数 srand 就可以实现这个功能。为了让该数在 1～100 范围内，将 rand 函数产生的随机数模 100 求余后加 1。

当随机数 num 产生成功后，设置统计猜测次数的计数器 count 为 0，重复地让用户输入数 *x*，count 再增 1，直到 num 与 *x* 值相同时结束，输出“真棒!”与猜测的次数 count。

【算法描述】

Step1：调用 srand 函数产生随机种子；

Step2：num=rand()%100+1；

Step3：统计猜测次数的计数器 count =0；

Step4：重复执行如下的操作，直到 num 的值与 *x* 的值相同：

(1) count++；

(2) 输入数 *x*；

(3) 如果 *x*<num，则输出“小了”；

(4) 如果 *x*>num，则输出“大了”；

Step5：输出“真棒!”和 count 的值。

【程序代码】

```
/*eg8.7.c*/
#include <stdio.h>
#include <stdlib.h>
#include <time.h>
int main()
{
  int count,num,x;
  srand((unsigned)time(0));
  /*使用当前系统时间为随机种子*/
  num=rand()%100+1; /*生成 1~100 的随机数*/
  count=0;
  do
  {
    count++;
    printf("请输入\n");
    scanf("%d",&x);
    if(x>num)
      printf("大了\n");
    if(x<num)
      printf("小了\n");
  } while(x!=num);
  printf("真棒!\n 共猜%d 次",count);
  return 0;
}
```

【运行结果】

```
请输入
50
小了
请输入
75
大了
请输入
67
大了
请输入
59
大了
```

```
请输入
55
大了
请输入
52
小了
请输入
53
真棒!
共猜 7 次
```

上例的程序中，因为调用了<stdio.h>中的 scanf 和 printf 函数，<stdlib.h>中声明的 srand 和 rand 函数，还有<time.h>中声明的 time 函数，所以，程序的开始部分就相应地包含了三个头文件。

使用库函数时一般要在源程序开始部分包含相应的头文件。

8.2.2　文件包含的使用

在程序设计的过程中，一个大程序往往由几个文件组成，每一个文件可能包含一个或多个函数，但是，请注意这个程序只能有一个 main 函数。因此，为了调用其他文件模块中所定义的函数，可以使用文件包含这种处理方法。文件包含处理是在预处理阶段将被包含进来的文件添加到源文件中，即源文件的内容发生了改变，在新的源文件编译时，所有的内容一同编译，从而生成目标文件。

文件包含命令的语法格式如下。

格式 1：

```
#include <文件名>
```

格式 2：

```
#include  "文件名"
```

请注意“文件包含”是预处理命令，结尾没有分号。文件名允许包含路径，被包含的文件可以是头文件(.h)或者源程序文件(.c)或者其他文件。

如果采用格式 1，即文件名使用尖括号括起来，则该文件只在系统默认的包含目录下进行查找。如果采用格式 2，即文件名使用双引号括起来，则该文件先在源程序所在的目录下进行查找，若未找到，再在系统默认的包含目录下进行查找。因此，一般情况下，使用尖括号包含系统定义的头文件，双引号包含用户自定义的文件。

文件包含就是在预处理阶段，将命令中所指的文件的内容全部复制到该文件#include 命令行处，并删除这条文件包含命令。文件包含的预处理过程如图 8-1 所示。

例 8.8　输入 3 组数，每组 2 个数，计算并输出每组数的平方和与立方和。要求：在 f.h 文件中使用带参数的宏定义平方和与立方和的计算；在 eg8.8.c 文件中完成数的输入，宏调用完成计算后输出。

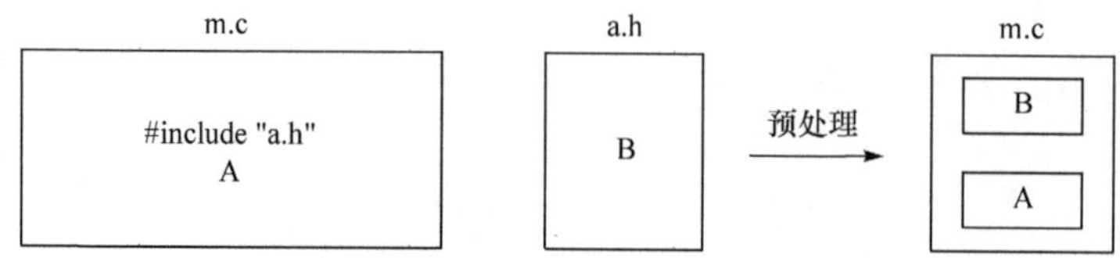

图 8-1　文件包含的预处理过程

【问题分析】

首先编写 f.h 文件，定义宏 $F_1(x,y)$，用于计算 x 与 y 的平方和，再定义宏 $F_2(x,y)$，用于计算 x 与 y 的立方和。编写 eg8.8.c 文件，该文件中编写主函数，使用循环计算 3 组数的平方和与立方和并输出。

【算法描述】

eg8.8.c 文件的主函数算法设计如下。

Step1：设置循环变量 i=1；

Step2：当 $i \leqslant 3$ 时，重复执行如下步骤：

(1) 输入两个数 n_1 和 n_2；

(2) 调用 F_1，输出 n_1 与 n_2 的平方和；

(3) 调用 F_2，输出 n_1 与 n_2 的立方和；

(4) i++。

【程序代码】

```
/*头文件：f.h*/
#define F1(x,y)  (x)*(x)+(y)*(y)
#define F2(x,y)  (x)*(x)*(x)+(y)*(y)*(y)

/*源程序文件：eg8.8.c*/
#include <stdio.h>
#include "f.h"
int main()
{
  int i=1,x,y;
  while(i<=3)  /*循环 3 次*/
  {
    printf("请输入两个整数:");
    scanf("%d%d",&x,&y);
    printf("%d,%d 的平方和为:%d,立方和为:%d\n",x,y,F1(x,y),
    F2(x,y));/*调用宏 F1,F2*/
    i++;
  }
  return 0;
}
```

【运行结果】

```
请输入两个整数:1 2
1,2 的平方和为:5,立方和为:9
请输入两个整数:3 6
3,6 的平方和为:45,立方和为:243
请输入两个整数:2 7
2,7 的平方和为:53,立方和为:351
```

上述程序在预处理阶段会将 f.h 文件中的内容全部替换到 eg8.8.c 的#include "f.h"处，当然#include <stdio.h>也会被 stdio.h 文件中的内容替换，从而得到一个新的源程序文件，进而对这个源程序文件进行编译。

源程序中很少包含另一个源程序(.c)文件，而是包含头文件，所以，一般将宏定义和函数声明放在头文件中。

用文件包含的方法可以将程序中的各个模块联系起来，从而实现模块化的程序设计。

例 8.9　文件包含的综合案例。要求输入 5 名学生的平时成绩和期末成绩，计算并输出他们的总评成绩，其中，总评成绩的计算方法为：平时成绩占 40%，期末成绩占 60%。

【问题分析】

在主函数中重复执行如下操作 5 次：输入一个学生的平时成绩和期末成绩，计算并输出总评成绩。为了便于成绩表示和存储，用二维数组存放成绩，其中第 0 列存放平时成绩，第 1 列存放期末成绩，第 2 列存放总评成绩。将平时成绩系数和期末成绩系数、总评成绩计算方法和人数都定义为宏，并将宏保存到头文件中。其中，主函数保存在文件 eg8.9.c 中，头文件保存在 f.h 中。

【算法描述】

eg8.9.c 文件的主函数算法设计如下。

Step1：声明数组 score[NUM][3]，其中 NUM 为宏；

Step2：循环变量 *i* =0～NUM−1，重复执行如下步骤：

(1) 输入平时成绩和期末成绩分别存放至 score[*i*][0]和 score[*i*][1]；

(2) 调用宏计算总评成绩存放至 score[*i*][2]；

(3) 输出总评成绩 score[*i*][2]值；

(4) *i*++。

【程序代码】

```
/*头文件: f.h*/
#include <stdio.h>
#define NUM 5                          /*表示人数的宏*/
#define PS 0.4                         /*表示平时成绩系数的宏*/
#define QM 0.6                         /*表示期末成绩系数的宏*/
#define ZP(x,y) PS*(x)+QM*(y)  /*表示总评成绩的宏*/
```

```
/*源程序: eg8.9.c*/
#include  "f.h"
int main()
{
  int i;
  double score[NUM][3];
  for(i=0;i<NUM;i++)
  {
    printf("学生%d 的平时成绩,期末成绩:",i+1);
    scanf("%lf,%lf",&score[i][0],&score[i][1]);
    score[i][2]=ZP(score[i][0],score[i][1]);
    printf("学生%d 的总评成绩:%.1f\n",i+1,score[i][2]);
  }
  return 0;
}
```

【运行结果】

```
学生 1 的平时成绩,期末成绩:80,90
学生 1 的总评成绩:86.0
学生 2 的平时成绩,期末成绩:85,80
学生 2 的总评成绩:82.0
学生 3 的平时成绩,期末成绩:90,88
学生 3 的总评成绩:88.8
学生 4 的平时成绩,期末成绩:75,85
学生 4 的总评成绩:81.0
学生 5 的平时成绩,期末成绩:90,90
学生 5 的总评成绩:90.0
```

8.3　条件编译

条件编译是依据判断条件决定是否对某部分程序进行编译，从而生成不同的目标文件。条件编译一般有三种形式：#if 命令、#ifdef 命令、#ifndef 命令。

8.3.1　#if 命令

#if 命令的一般形式如下：

```
#if 常量表达式
程序段 1
```

```
[#else
程序段 2]
#endif
```

含义：如果常量表达式的值为非零，则编译程序段 1，否则编译程序段 2。

例 8.10　使用#if 命令编写程序：要求输入圆的半径，当常量 CH 为 1 时，计算并输出圆的面积，否则输出圆的周长。

【问题分析】

定义无参宏 CH，代表 1，若 CH 为 1 则编译计算输出圆面积的程序段，否则编译计算输出圆周长的程序段。

【程序代码】

```
/*eg8.10.c*/
#define CH 1
#define PI 3.141593
#include <stdio.h>
int main()
{
  double r,res;
  printf("请输入圆的半径:");
  scanf("%lf",&r);
  #if CH==1
     res=PI*r*r;
     printf("面积=%f",res);
  #else
     res=2*PI*r;
     printf("周长=%f",res);
  #endif
  return 0;
}
```

【运行结果】

```
请输入圆的半径:1
面积=3.141593
```

程序中如果宏 CH 的值为 0，则程序编译时只会编译计算圆周长并输出的那段代码。

注意#if 与 if 的区别是：#if 是条件编译，它根据常量表达式的值选择性地编译语句，它是在编译代码时完成的；if 是条件语句，它根据条件表达式的值选择性地执行语句，它是在程序运行时完成的。

8.3.2　#ifdef 命令

#ifdef 命令的一般形式如下：

```
#ifdef  标识符
     程序段 1
[#else
     程序段 2]
#endif
```

含义：若标识符已经由#define 定义过，则编译程序段 1，否则编译程序段 2。

例 8.11　使用#ifdef 命令编写程序，要求输入两个数 a 和 b，如果定义了带参宏 MAX，则编译调用宏输出最大值的程序段，否则编译调用 min 函数输出最小值的程序段。

【程序代码】

```
/*eg8.11.c*/
#include <stdio.h>
#define MAX(a,b)  (a)>(b)?(a):(b)  /*定义带参宏 MAX*/
double min(double,double);        /*min 函数声明*/
int main()
{
  double a,b,m;
  printf("请输入两个数:");
  scanf("%lf%lf",&a,&b);
#ifdef MAX
  m=MAX(a,b);
#else
  m=min(a,b);
#endif
  printf("值:%f\n",m);
  return 0;
}
double min(double a,double b)/*min 函数定义*/
{
  if(a<b)
    return a;
  else
    return b;
}
```

【运行结果】

```
请输入两个数:3 5
值:5.000000
```

注意，该程序代码如果改为以下代码：

```
/*eg8.11.2.c*/
#include <stdio.h>
#define MAX(a,b)  (a)>(b)?(a):(b)  /*定义带参宏 MAX*/
double min(double,double);         /*min 函数声明*/
int main()
{
  double a,b,m;
  printf("请输入两个数:");
  scanf("%lf%lf",&a,&b);
#undef MAX  /*取消宏定义 MAX*/
#ifdef MAX
  m=MAX(a,b);
#else
  m=min(a,b);
#endif
  printf("值:%f\n",m);
  return 0;
}
double min(double a,double b)/*min 函数定义*/
{
  if(a<b)
    return a;
  else
    return b;
}
```

【运行结果】

```
请输入两个数:3 5
值:3.000000
```

因为程序中#undef MAX 的功能是取消 MAX 宏定义，即从此处开始 MAX 宏不再存在，所以这个程序编译调用 min 函数输出最小值的程序段。

8.3.3 #ifndef 命令

#ifndef 命令的一般形式如下：

```
#ifndef  标识符
     程序段 1
[#else
     程序段 2]
#endif
```

含义：若标识符没有被#define 定义过，则编译程序段 1，否则编译程序段 2。

例 8.12 使用#ifndef 命令编写程序，要求输出名言，若 SENTENCE 宏定义了则编译输出宏值的程序段，否则编译输出“未知”的程序段；输出作者，若 AUTHOR 宏定义了则编译输出宏值的程序段，否则编译输出“未知”的程序段。

【程序代码】

```
/*eg8.12.c*/
#include <stdio.h>
#define SENTENCE "少壮不努力，老大徒伤悲"
#define PRN printf("未知\n");
int main()
{
  printf("名言:");
#ifndef SENTENCE
  PRN
#else
  printf("%s\n",SENTENCE);
#endif
  printf("作者:");
#ifndef AUTHOR
  PRN
#else
  printf("%s\n",AUTHOR);
#endif
  return 0;
}
```

【运行结果】

```
名言:少壮不努力，老大徒伤悲
作者:未知
```

本 章 小 结

预处理是一组命令，它们均是以“#”开头的，这些命令是在程序编译之前处理的。C 语言提供的预处理命令主要有以下三种功能：宏定义、文件包含、条件编译。在程序中合理地使用预处理命令可以使程序便于阅读、修改、移植和调试，也更利于实现模块化程序设计。程序允许有多条预处理命令，注意末尾不加分号，这些命令可以出现在程序的任何位置。

第 9 章　指　　针

指针本质上是内存地址，是存储空间地址的抽象表示。系统为某一变量分配的存储空间的起始地址是该变量的指针，系统为某一函数分配的存储区的起始地址(即函数的入口地址)是该函数的指针，等等。指针类型是 C 语言的一大特色数据类型，指针型变量可以保存内存地址，例如，可以把变量的地址(即变量指针)或函数的入口地址(即函数指针)保存在指针型变量中，进而可以通过指针变量对变量或函数进行间接访问。

指针是 C 语言的特色内容，合理使用指针，可以有效表示复杂数据结构、动态分配内存、方便使用字符串和数组等，有助于系统软件的设计与开发。但是，指针的概念复杂，使用灵活，用得好可以编写出优良的程序，用错了就会破坏程序或给程序埋下隐蔽性错误而难以排除。所以，C 语言学习者和使用者在运用指针编写程序时，必须小心谨慎，多练习多总结，在实践中领悟指针编程的利与弊。

9.1　内存地址与指针

9.1.1　内存地址和内存分配

1. 内存地址

计算机内存空间是线性空间，由连续的内存单元组成，其中，每个内存单元可存储 8 位二进制数，即 1 字节数据。这些连续的存储单元从 0 开始连续统一编号，每个单元的编号称为该单元的内存地址，CPU 就是根据内存地址对相应的单元进行存取，内存地址通常以一个 8 位十六进制数表示，如图 9-1 所示。

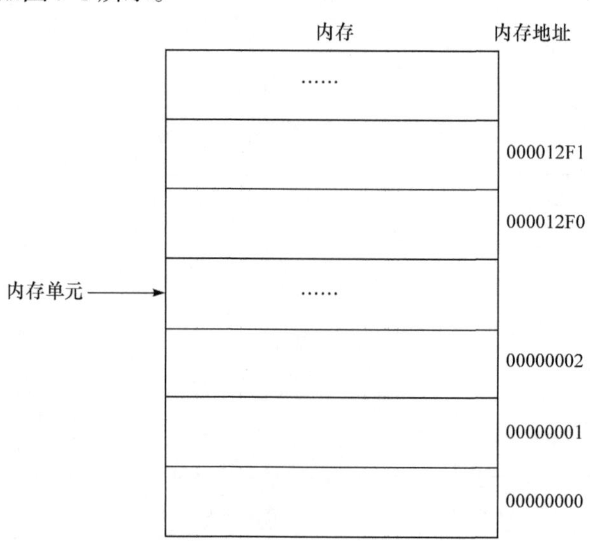

图 9-1　内存地址

2. 内存分配

执行一个程序，操作系统首先要为这个可执行程序分配一定量的内存空间，包括存放程序目标代码的空间和执行程序时用到的数据空间，然后把可执行程序装入分配给它的相应空间中。C 语言程序中的变量，根据类型不同，操作系统会分配不同个数的连续的内存单元给它。例如，在 32 位 PC 中，在 VS 2010 编译环境下的 C 程序，系统会为每一个 int 型或 float 型变量分配 4 个连续的内存单元，为每一个 char 型变量分配 1 个内存单元，为每一个 double 型变量分配 8 个连续的内存单元，并将变量值存储在这些内存单元中。

3. 变量地址、函数地址、数组地址

在 C 语言中，将给变量分配的若干内存单元中最小的内存地址称为变量地址。同样，函数地址和数组地址是指为该函数代码(数组)所分配的若干内存单元中最小的内存地址。

对变量、数组和函数的操作都是通过其地址进行的，如变量赋值实质上就是将所赋的值写入该变量地址对应的若干内存单元中。但是为了简化程序员编程，C 语言将变量、数组和函数分配的若干内存单元及其内容分别抽象为变量名、数组名和函数名，这样通过变量名、数组名和函数名就可以方便地对变量、数组和函数进行操作，但编译时要将变量名、数组名和函数名转换为对应的地址。

例 9.1　设计一个程序，测试不同类型变量和数组元素占用的内存单元数及输出变量地址、数组元素地址、数组地址和函数地址。

【程序代码】

```
/*eg9.1.c*/
#include <stdio.h>
int main()
{
  int    i=100;
  float  f=10.5f;
  double d=123.67;
  char   c='A';
  int    Score[10];
  printf("变量 i 的地址: %p\n",&i);
  printf("变量 i 占用内存单元的个数: %d\n",sizeof(i));
  printf("变量 f 的地址: %p\n",&f);
  printf("变量 f 占用内存单元的个数: %d\n",sizeof(f));
  printf("变量 d 的地址: %p\n",&d);
  printf("变量 d 占用内存单元的个数: %d\n",sizeof(d));
  printf("变量 c 的地址: %p\n",&c);
  printf("变量 c 占用内存单元的个数: %d\n",sizeof(c));
  printf("数组元素 Score[0]的地址: %p\n",&Score [0]);
  printf("数组元素 Score[0]占用内存单元的个数:%d\n",sizeof(Score [0]));
```

```
    printf("数组元素 Score[9]的地址：%p\n",&Score [9]);
    printf("数组元素 Score[9]占用内存单元的个数：%d\n",sizeof(Score
    [9]));
    printf("数组 Score 的首地址：%p\n",Score);
    printf("数组 Score 占用内存单元的个数：%d\n",sizeof(Score));
    printf("函数 main 的地址：%p\n",main);
    return 0;
}
```

【运行结果】

```
变量 i 的地址：0012FF44
变量 i 占用内存单元的个数：4
变量 f 的地址：0012FF40
变量 f 占用内存单元的个数：4
变量 d 的地址：0012FF38
变量 d 占用内存单元的个数：8
变量 c 的地址：0012FF34
变量 c 占用内存单元的个数：1
数组元素 Score[0]的地址：0012FF0C
数组元素 Score[0]占用内存单元的个数：4
数组元素 Score[9]的地址：0012FF30
数组元素 Score[9]占用内存单元的个数：4
数组 Score 的首地址：0012FF0C
数组 Score 占用内存单元的个数：40
函数 main 的地址：00F71131
```

程序说明：

(1) &取地址运算符用于获得变量的地址。

(2) 格式控制符“%p”用来输出内存地址，以十六进制数形式输出。

(3) sizeof 运算符用于计算分配给变量或数组的内存单元的个数。

4. 内存的直接访问和间接访问

在 C 语言中，对内存单元的访问有两种方式：直接访问和间接访问。

1) 直接访问

直接访问是指直接根据内存地址存取内存单元的内容。

例 9.2　编写程序显示变量地址、变量占用内存单元个数和变量值的关系。

【程序代码】

```
/*eg9.2.c*/
#include <stdio.h>
```

```
int main( )
{
  int Score;
  Score=85;
  printf("整型成绩值为:%d\n",Score);
  printf("保存该整型成绩值需要占用的内存单元个数为:%d\n", sizeof
  (Score));
  printf("保存该整型成绩值的 4 个内存单元地址值最小的是:%p\n", &Score);
  return 0;
}
```

【运行结果】

```
整型成绩值为:85
保存该整型成绩值需要占用的内存单元个数为:4
保存该整型成绩值的 4 个内存单元地址值最小的是:0012FF22
```

程序说明：

(1) 在语句“int Score;”中，系统会为变量 Score 分配 4 个内存单元，并将这 4 个内存单元的最小地址以及 4 个内存单元的内容和变量名 Score 对应起来。

(2) 在语句“Score=85;”中，在编译时系统将变量名 Score 转换为内存地址，然后根据该内存地址将整数 85 存入为 Score 分配的 4 个内存单元中。

(3) 3 条 printf 函数调用语句分别输出变量 Score 的值、所占用的内存单元的个数和地址(即所占用的连续 4 个内存单元的最小地址)。

变量 Score 在内存中的存储形式如图 9-2 所示。

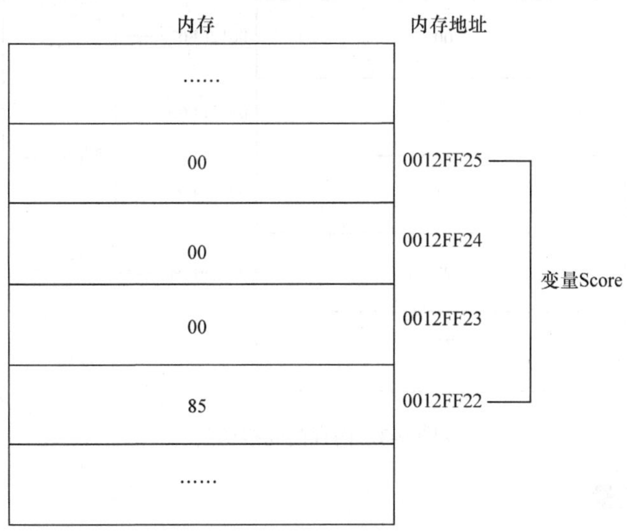

图 9-2　变量 Score 在内存中的存储形式

因此，对变量的直接访问就是通过变量名访问，同样，对函数(数组)的直接访问也是通过函数名(数组名)访问。

2) 间接访问

假设变量 ip 中保存的内容是另一个变量 Score 的内存地址，那么先通过变量名 ip 访问到的值就是变量 Score 的内存地址，再通过这个内存地址去访问变量 Score 的值，这就是所谓的间接访问。例如：

```
int Score;
```

定义整型变量 Score 后，可以将变量 Score 的地址&Score 赋值给另一个整型指针变量 ip(9.1.2 节会介绍指针变量的定义和使用)，如 ip=&Score，然后通过变量 ip 可以访问变量 Score，即先通过变量名 ip 获取变量 ip 的值 0012FF22H，也就是 Score 的地址；然后，根据该地址访问 Score 获取 Score 的值 85，如图 9-3 所示。

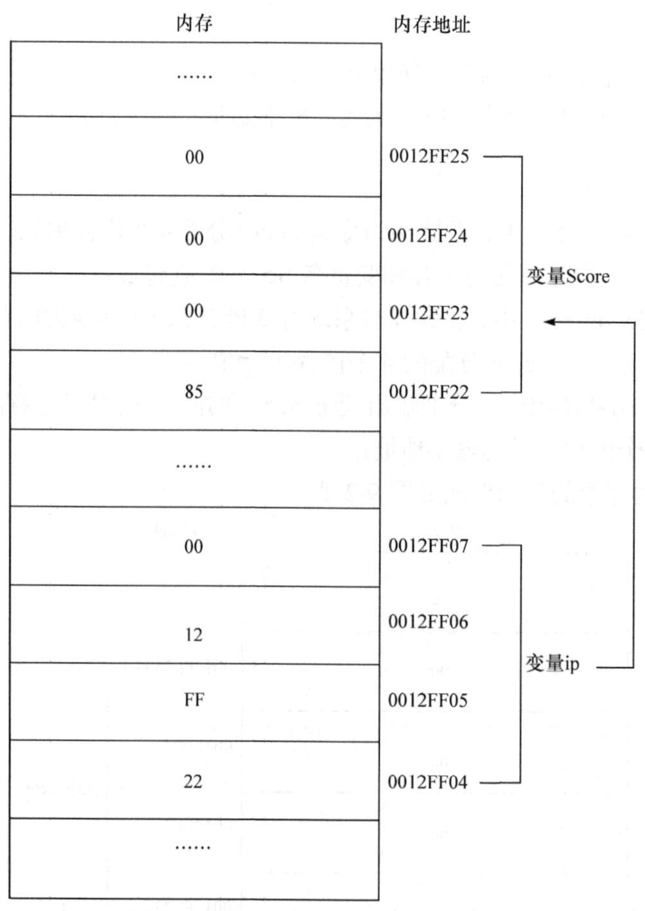

图 9-3　内存的间接访问

9.1.2　指针和指针变量

1. 指针

在 C 语言中，指针是一种数据类型，用来表示内存地址。

所以，内存地址就是指针型数据，例如，一个变量地址、一个函数地址和一个数组地址都是一个指针型常量。通常，将变量地址、函数地址和数组地址分别称为变量指针、函数指针和数组指针。

2. 指针变量

指针变量是指用来保存内存地址的变量。

所以，指针变量的值是内存地址，通过指针变量可以间接访问其值对应的内存单元。

指针变量可以保存变量地址、函数地址和数组地址，形象地说，指针变量指向一个变量、函数或数组。

如图 9-3 所示，变量 ip 是一个指针变量，它保存了整型变量 Score 的地址，通过指针变量 ip 可以间接访问变量 Score。

根据指针变量指向的对象，可将指针变量分为指向变量的指针变量、指向数组的指针变量和指向函数的指针变量。

3. 指针变量和普通变量的对比

1) 相同点

(1) 系统为它们在内存中分配内存单元。

(2) 先定义，后使用。

2) 不同点

(1) 普通变量扩充描述。每一个普通变量都有两个属性：变量的值和变量的地址。

普通变量的地址是给变量分配的若干内存单元中最小的内存地址，指示了该变量在内存中的位置。

普通变量的值一般是某种类型的数据，保存在变量的地址对应的若干内存单元中。

(2) 指针变量。指针变量关联到 4 个属性。

① 指针变量的地址。和普通变量一样，系统也要为指针变量分配内存单元，用于保存指针变量的值。

指针变量的地址是指为指针变量分配的若干内存单元中最小的内存地址。

② 指针变量的值。指针变量的值是内存地址，而不能是数据，保存在指针变量地址对应的若干内存单元中。

③ 指针变量指向的若干内存单元。

④ 指针变量指向的若干内存单元的内容。

如图 9-3 所示，指针变量 ip 的地址为十六进制数 0012FF04；指针变量 ip 的值为十六进制数 0012FF22(变量 Score 的地址)；指针变量 ip 指向内存地址为 0012FF22～0012FF25 的 4 个内存单元，即变量 Score 所占用的 4 个内存单元；指针变量 ip 所指向的 4 个内存单元内容为 00000085，即变量 Score 的值。

指针变量的所有变化都会在这 4 个属性上反映出来。

虽然指针变量的值和其指向的若干内存单元的最小地址是一样的，但实际上还是有本质上的区别。指针变量的值是一个内存地址，是可以改变的。指针变量指向的若干内存单元的最小地址是一个常量，是不可改变的。

9.2　指向变量的指针变量

9.2.1　指向变量的指针变量的定义

和普通变量一样，指针变量也必须先定义，后使用。

定义指向变量的指针变量的一般形式为：

```
类型说明符　*变量名;
```

(1) “*”表示这是一个指针变量，一般将“*”放在靠近变量名的位置，“*”和类型说明符间至少间隔一个空格。

(2) 变量名即定义的指针变量名。

(3) 类型说明符表示该指针变量可以指向变量的数据类型，又称为指针变量的基类型。

例如：

```
int *ipCount;
```

表示 ipCount 是一个指针变量，它的值是某个整型变量的地址。或者说 ipCount 总是指向一个整型变量。至于 ipCount 究竟指向哪一个整型变量，应由 ipCount 被赋予的变量地址来决定。

再如：

```
float *fpScore;       /*fpScore 是指向浮点变量的指针变量*/
char *cpName;         /*cpName 是指向字符变量的指针变量*/
```

注意：一个指针变量只能指向同类型的变量，如 fpScore 只能指向浮点变量，不能时而指向一个浮点变量，时而又指向一个整型变量。

所以，定义指针变量时，必须确保其基类型与指向变量的数据类型相同。

9.2.2　指向变量的指针变量的赋值和初始化

指针变量只能保存内存地址，而且指针变量有基类型。因此，给指针变量赋值时必须赋给它一个类型与指针变量基类型相同的变量的地址，绝不能赋予任何其他数据，否则将引起错误。

1. 指针变量的赋值

1) 通过取地址运算符&获取变量地址赋值给指针变量

```
int Score=85;
int *ip;
ip=&Score;
```

用取地址运算符&获取 Score 的地址赋值给指针变量 ip，表示指针变量 ip 指向变量

Score，如图 9-3 所示。

注意：当把一个普通变量的地址赋值给一个指针变量时，普通变量的数据类型必须与指针变量的基类型相同。

2) 将一个指针变量值赋值给另一个指针变量

```
int Score=85;
int *ipa,*ipb;
ipa=&Score;
ipb=ipa;
```

说明：将 ipa 的值赋给 ipb，指针变量 ipa 和 ipb 指向同一个变量 Score，如图 9-4 所示。

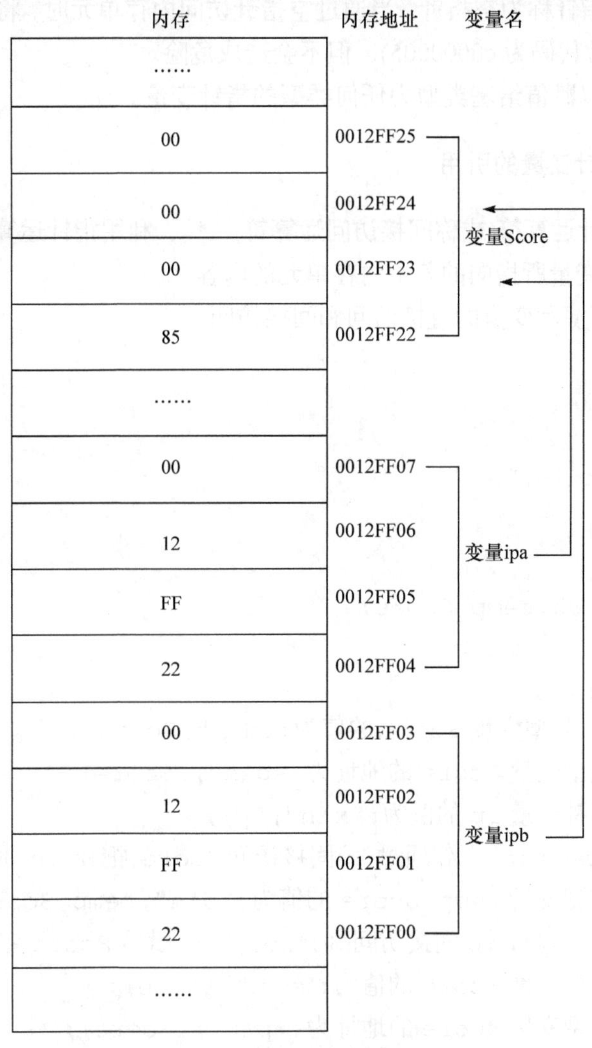

图 9-4 指针变量的赋值

注意：当把一个指针变量的地址值赋给另一个指针变量时，两个指针变量的基类型必须相同。

2. 指针变量的初始化

指针变量必须初始化后才能使用，否则将指向不确定的内存单元，对该内存单元进行访问，将可能造成危险。

在 C 语言中，通常将指针变量初始化为 NULL，例如：

```
int *ipCount=NULL;
```

其中，NULL 是在 stdio.h 头文件中定义的符号常量，其值为 0。因此，在使用 NULL 时，应该在程序的前面出现预处理命令：# include <stdio.h>。

在 C 语言中当指针值为 NULL 时，指针不是指向地址为 0 的内存单元，而是不指向任何有效内存单元，将该指针称为空指针。当通过空指针访问内存单元时，将会给出一个错误信息(access violation，异常代码为 c0000005)，但不会造成危险。

注意：NULL 可以赋值给基类型为任何类型的指针变量。

9.2.3　指向变量的指针变量的引用

C 语言提供了指针运算符(或称间接访问运算符) “*”，利用指针运算符 “*”，可以通过指针变量间接访问指针变量所指向的若干内存单元的内容。

例 9.3　编写程序演示变量的直接访问和间接访问。

【程序代码】

```
/*eg9.3.c*/
#include <stdio.h>
int main( )
{
  int Score=85,temp_Score;
  int *ip;
  ip=&Score;
  printf("\n 整型变量 Score 的值为:%d\n",Score);
  printf("整型变量 Score 的地址为:%p\n",&Score);
  printf("指针变量 ip 的值为:%x\n",ip);
  temp_Score=*ip;   //通过 ip 间接访问 Score,把 Score 值赋给 temp_Score
  printf("整型变量 temp_Score 的值为:%d\n",temp_Score);
  *ip=90;   //通过 ip 间接访问 Score,把 90 赋给 Score 变量
  printf("整型变量 Score 的值为:%d\n",Score);
  printf("整型变量 Score 的地址为:%p\n",&Score);
  printf("指针变量 ip 的值为:%x\n",ip);
  return 0;
}
```

【运行结果】

```
整型变量 Score 的值为:85
整型变量 Score 的地址为:0012FF22
指针变量 ip 的值为:12FF22
整型变量 temp_Score 的值为:85
整型变量 Score 的值为:90
整型变量 Score 的地址为:0012FF22
指针变量 ip 的值为:12FF22
```

程序说明：

(1) 语句“ip = &Score;”将变量 Score 的地址赋给指针变量 ip，ip 指向 Score。

(2) 语句“temp_Score=*ip;”通过指针变量 ip 间接访问变量 Score 对应的 4 个内存单元，并取出 Score 的值 85，然后赋给变量 temp_Score。

(3) 语句“*ip=90;”通过指针变量 ip 间接访问变量 Score 对应的 4 个内存单元，并存入整数 90。

程序运行结果验证了上述结论。

注意：指针运算符“*”是一个单目运算符，它必须在运算对象的左边，其运算对象可以是指向变量的指针变量，也可以是变量地址、数组地址或函数地址。

9.3　指针和数组

9.3.1　指向一维数组元素的指针变量

在 C 语言中，一个数组包含若干数组元素，编译时系统会为每个数组元素分配内存单元。这样，每个数组元素都有相应的内存地址，即所分配的若干内存单元中最小的内存地址。因此，将数组元素的地址放到一个指针变量中，通过指针变量可间接访问数组元素。

指向一维数组元素的指针变量定义的一般形式为：

```
类型说明符　*指针变量名;
```

其中，类型说明符与所指数组元素的类型相同。

从一般形式可以看出指向数组的指针变量和指向普通变量的指针变量的定义是相同的。

例如：

```
int Ds_Score[10];          /*定义 Ds_Score 为包含 10 个整型数据的一维数组*/
int *ipScore;              /*定义 ipScore 为指向整型变量的指针变量*/
ipScore=&Ds_Score[5];      /*将数组元素 Ds_Score[5]的地址赋值给指针变
                           量 ipScore*/
*ipScore=85;               /*指针变量 ipScore 将整数 85 存入数组元素
                           Ds_Score[5]中*/
```

如图 9-5 所示。

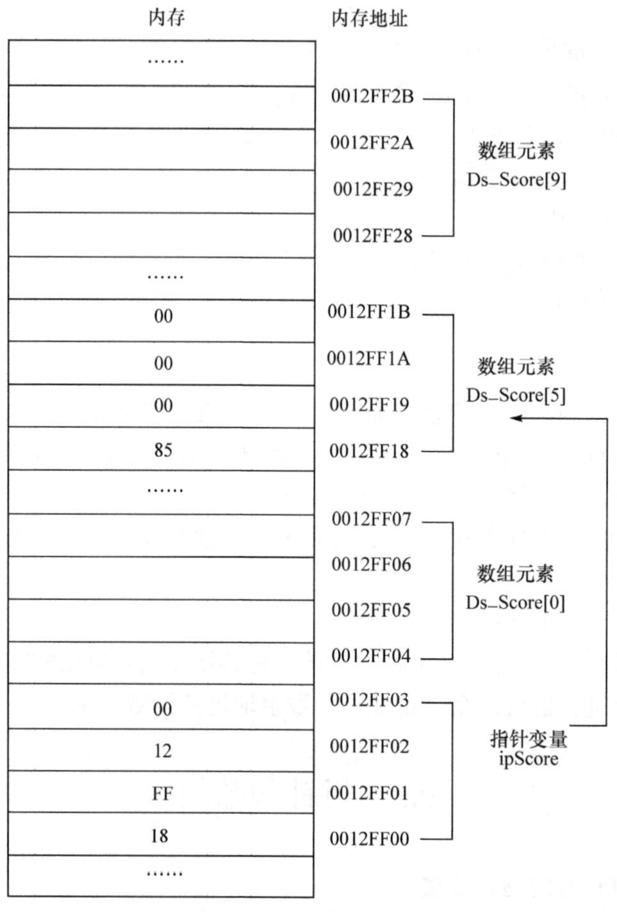

图 9-5　指向一维数组元素的指针变量

在 C 语言中，编译系统为一维数组的所有数组元素在内存中分配连续的内存单元，相邻数组元素在内存中是相邻的。一般用数组名代表这片连续内存单元的首地址(最小内存地址)，即第一个数组元素的地址。

当定义一个指针变量指向数组的第一个数组元素时，可以通过该指针变量引用该数组的所有数组元素。例如：

```
int Ds_Score[60];    /*定义 Ds_Score 为包含 60 个整型数据的一维数组*/
int *ipScore;        /*定义 ipScore 为指向整型变量的指针变量*/
ipScore=Ds_Score;    /*将 Ds_Score 的首地址(即 Ds_Score[0]的地址)赋给
                     ipScore*/
```

9.3.2　指针变量的算术运算和比较

对于指向数组的指针变量，对指针变量可以施加的运算有：与整数的加、减法算术运算；指向同一数组的两个指针变量之间的减法运算和关系运算。

1. 与整数的加、减法算术运算

指针变量加或减一个整数 n 表示将指针变量指向的当前位置(指向某数组元素)向前或向后移动 n 个位置。

例如：

```
int Ds_Score[10];
int *ipScore;
ipScore=Ds_Score;      /*ipScore 指向数组 Ds_Score 的第一个元素，即指向
                       Ds_Scor e[0]*/
ipScore=ipScore+4;     /*将 ipScore 向后移动 4 个数组元素位置，即 ipScore
                       指向 Ds_Score[4]*/
ipScore=ipScore-2;     /*将 ipScore 向前移动 2 个数组元素位置，即 ipScore
                       指向 Ds_Score[2]*/
ipScore++;             /*将 ipScore 向后移动 1 个数组元素位置，即 ipScore
                       指向 Ds_Score[3]*/
ipScore--;             /*将 ipScore 向前移动 1 个数组元素位置，即 ipScore
                       指向 Ds_Score[2]*/
```

注意：

(1) 指向数组的指针变量向前或向后移动一个位置和指针变量的值加 1 或减 1 在概念上是不同的。因为数组有不同的类型，各种类型的数组元素所占用的内存单元个数不同。如指针变量加 1，即向后移动 1 个位置表示指针变量指向下一个数组元素的地址，而不是在原指针变量的值(地址)基础上加 1。

(2) 指针变量与整数的加减运算只能对指向数组的指针变量进行，对指向其他类型变量的指针变量做加减运算是毫无意义的。

2. 指向同一数组的两个指针变量之间的减法运算

指向同一数组的两个指针变量相减所得之差是指两个指针变量所指数组元素之间相差的元素个数，实际上是两个指针变量值(地址)之差再除以该数组元素的长度(占用内存单元的个数)。

例如，pf1 和 pf2 是指向同一浮点数组的两个指针变量，设 pf1 的值为 2010H，pf2 的值为 2000H，而浮点数组每个元素占 4 字节，所以 pf1−pf2 的结果为(2010H−2000H)/4=4，表示 pf1 和 pf2 之间相差 4 个数组元素。

两个指针变量不能进行加法运算。例如，pf1+pf2 毫无实际意义。

3. 指向同一数组的两个指针变量之间的关系运算

指向同一数组的两个指针变量进行关系运算可表示它们所指向的数组元素之间的关系。例如：

```
int Ds_Score[10];
int *ipScore1,*ipScore2;
```

ipScore1== ipScore2 表示 ipScore1 和 ipScore2 指向同一数组元素；ipScore1>ipScore2 表示 ipScore1 处于高地址位置；ipScore1<ipScore2 表示 ipScore1 处于低地址位置。

另外，指针变量还可以与空指针进行比较，例如，设 p 为指针变量，则 p= =NULL 表明 p 是空指针，它不指向任何变量；p!=NULL 表示 p 不是空指针。

9.3.3 通过指针引用一维数组元素

假设有：

```
int Ds_Score[10];
int *ipScore=Ds_Score;/*ipScore 指向数组 Ds_Score 的第一个元素
                        Ds_Score[0]*/
```

(1) ipScore+*i* 和 Ds_Score+*i* 表示 Ds_Score[*i*]的地址，即指向 Ds_Score 数组的第 *i* 个数组元素。ipScore+*i* 和 Ds_Score+*i* 的实际地址值为 Ds_Score+*i***d*，其中 *d* 表示数组元素所分配的内存单元个数。例如，ipScore+5 和 Ds_Score+5 的值为 Ds_Score[5]的地址，它们指向 Ds_Score[5]。

(2) *(ipScore+*i*)和*(Ds_Score+*i*)表示 ipScore+*i* 和 Ds_Score+*i* 所指向的数组元素 Ds_Score[*i*]，例如，*(ipScore+5)和*(Ds_Score+5)就是 Ds_Score[5]。

(3) 指向数组的指针变量也可以用下标法引用数组元素，如 ipScore[5]，*(ipScore+5)和 Ds_Score[5]等价。

注意：当指针变量 ipScore 的初始值为数组名 Ds_Score 时，两者有本质区别，指针变量 ipScore 的值可以改变，而数组名 Ds_Score 是地址常量，其值不能改变。

例 9.4　输出数组中全部元素。

(1) 下标法。

【程序代码】

```
/*eg9.4.1.c*/
#include <stdio.h>
int main()
{
  int StuNum[10],i;
  for(i=0;i<10;i++)
    StuNum[i]=i+1;
  for(i=0;i<10;i++)
  {
    if(i%5==0)
      printf("\n");
    printf("%2d ",StuNum[i]);
  }
  printf("\n");
  return 0;
}
```

【运行结果】

```
1□2□3□4□5
6□7□8□9□10
```

(2) 指针法，通过数组名计算数组元素的地址，求出数组元素值。

【程序代码】

```
/*eg9.4.2.c*/
#include <stdio.h>
int main()
{
  int StuNum[10],i;
  for(i=0;i<10;i++)
    *(StuNum+i)=i+1;
  for(i=0;i<10;i++)
  {
    if(i%5==0) printf("\n");
    printf("%2d ",*(StuNum+i));
  }
  printf("\n");
  return 0;
}
```

【运行结果】

```
1□2□3□4□5
6□7□8□9□10
```

(3) 指针法，用指针变量指向数组元素。

【程序代码】

```
/*eg9.4.3.c*/
#include <stdio.h>
int main()
{
  int StuNum[10],i=1;
  int *ps;
  for(ps=StuNum;ps<StuNum+10;ps++)
    *ps=i++;
  i=0;
  for(ps=StuNum;ps<StuNum+10;ps++)
```

```
    {
      if(i++%5==0) printf("\n");
      printf("%2d ",*ps);
    }
    printf("\n");
    return 0;
}
```

【运行结果】

```
1□2□3□4□5
6□7□8□9□10
```

上述 3 个程序的运行结果是相同的，但是第(3)种方法比第(1)(2)种快，因为用指针变量指向数组元素，不必每次都计算数组元素的地址，利用指针移动操作，有规律地改变地址值，从而大大提高程序的执行效率。

9.3.4　指针数组

在 C 语言中，也可以像其他数据类型构成数组那样构造由指针组成的数组，即指针数组。

指针数组是一组有序的指针的集合，指针数组的所有数组元素都必须是具有相同存储类型和指向相同数据类型的指针变量。

指针数组定义的一般形式为：

```
类型说明符 *数组名[数组长度]
```

其中，类型说明符为指针所指向的变量类型。

例如：

```
int *ip[10]; /*定义指针数组 ip，每个数组元素都是指向 int 型的指针变量*/
int a=10;
ip[3]=&a;     /*将整型变量 a 的地址赋给指针数组 ip 的第 3 个元素*/
printf("%d",*ip[3]); /*通过指针数组 ip 的第 3 个元素间接访问变量 a*/
```

指针数组常用于保存指向字符串的指针变量值，详细情况见 9.4 节。

9.4　字符串与指针

一个字符串(或者说字符串常量)中的字符在内存中是按顺序连续存储的，并且系统会在最后一个有效字符的后面自动添加一个字符串结束标志字符'\0'，存储第一个字符的存储单元的地址称为字符串的首地址(或者称为字符串指针)。

C 语言的预定义数据类型中没有专门的字符串类型，因此没办法直接定义字符串变量来存取字符串。C 语言中字符串的存取可以用字符数组和字符指针两种方法来实现。

9.4.1 用字符数组实现

1. 一维字符数组实现单个字符串的存储

例 9.5 定义一个字符数组保存学校名称字符串并输出该字符串内容。

【程序代码】

```
/*eg9.5.c*/
#include <stdio.h>
int main()
{
  //定义字符数组同时初始化
  char NameofMySchool[ ]="Anhui Normal University";
  printf("%s\n",NameofMySchool); //输出字符串
  return 0;
}
```

【运行结果】

```
Anhui□Normal□University
```

这里，字符串"Anhui Normal University"中的字符按顺序依次存储到数组 NameofMySchool 的元素中，并在后面自动添加标识符'\0'，所以最终数组的长度是字符串"Anhui Normal University"的长度 23 加上 1 等于 24。字符串"Anhui Normal University"的第一个字符'A'存储在数组元素 NameofMySchool[0]中，数组的基地址也就是字符串的首地址。该例中字符串在数组中的存储示意如图 9-6 所示。

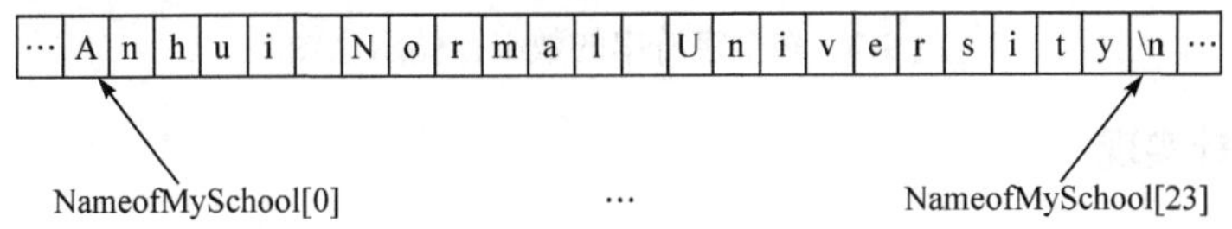

图 9-6 单个字符串的数组存储示意图

2. 二维字符数组实现多个字符串的存储

例 9.6 定义一个二维字符数组存储 4 个国家名称字符串并输出这 4 个字符串内容。

【程序代码】

```
/*eg9.6.c*/
#include <stdio.h>
int main()
{
  int i;
```

```
  //定义二维字符数组同时提供 4 个字符串进行初始化
  char State[][10]={"China","America","Russia","France"};
  for(i=0;i<4;i++)
    printf("%s\n",State[i]);//循环 4 次，依次输出 4 个字符串
  return 0;
}
```

【运行结果】

```
China
America
Russia
France
```

这里，定义二维字符数组 State 时，同时提供 4 个字符串进行初始化，结果使该数组第一维的长度是 4。如果把二维数组 State 看作每个元素是一维字符数组的一维数组，则这个一维数组有 4 个元素，分别是 State[0]、State[1]、State[2]、State[3]，每个元素都是长度为 10 的字符数组，依次存储的字符串为"China" "America" "Russia" "France"。所以程序中通过一个 4 次的 for 循环依次输出了 4 个字符串的内容。该例中字符串在数组中的存储示意如图 9-7 所示。

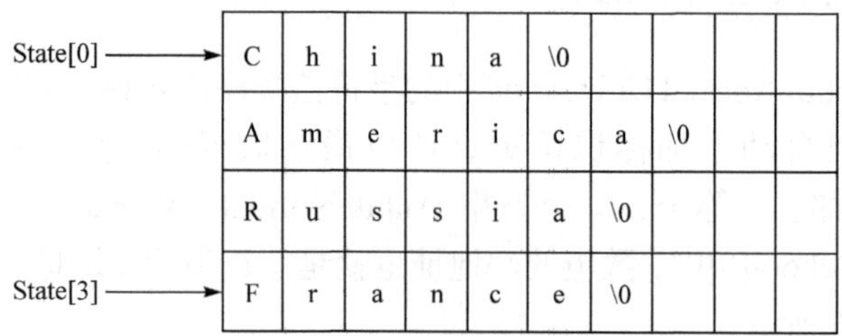

图 9-7　多个字符串的数组存储示意图

9.4.2　用字符指针实现

1. 单个字符指针变量指向单个字符串

例 9.7　定义一个字符指针变量指向一个省份的名称字符串并输出该字符串内容。

【程序代码】

```
/*eg9.7.c*/
#include <stdio.h>
int main()
{
//定义字符型指针变量同时初始化
  char *NameofMyProvince="Anhui Province";
  printf("%s\n",NameofMyProvince); //输出指针指向的字符串
```

```
  return 0;
}
```

【运行结果】

```
Anhui□Province
```

这里，NameofMyProvince 是一个字符型指针变量，该变量中存储的是一个地址，该地址指向的存储空间中存放的应该是一个字符型数据。字符串"Anhui Province"中的字符按顺序依次存储在一段连续的存储空间中，存储该串第一个字符'A'的存储单元的地址(即字符串的首地址)被赋值给字符型指针变量 NameofMyProvince，这时可以说 NameofMyProvince 指向了字符串"Anhui Province"。该例中字符串及字符型指针的存储示意如图 9-8 所示。

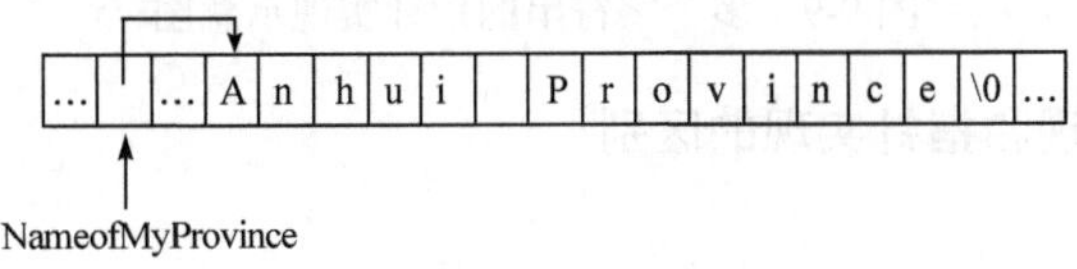

图 9-8　单个字符串的指针实现示意图

2. 字符指针数组(即多个字符指针变量)指向多个字符串

例 9.8　定义一个字符指针数组指向 4 个直辖市名称字符串并输出 4 个字符串的内容。

【程序代码】

```
/*eg9.8.c*/
#include <stdio.h>
int main()
{
  int i;
  //定义字符指针数组同时提供 4 个字符串进行初始化
  char*Municipality[ ]={"Beijing","Shanghai","Tianjin","Chongqing"};
  for(i=0;i<4;i++)
    printf("%s\n",Municipality [i]);//循环 4 次依次输出 4 个字符串内容
  return 0;
}
```

【运行结果】

```
Beijing
Shanghai
Tianjin
Chongqing
```

这里，定义字符型指针数组 Municipality 时，同时提供 4 个字符串进行初始化，结果使数组的长度是 4，则这个数组有 4 个元素，分别是 Municipality[0]，Municipality[1]，Municipality[2]，Municipality[3]，每个元素都是一个字符型的指针变量，存储的地址依次是字符串"Beijing"、"Shanghai"、"Tianjin"和"Chongqing"的首地址。所以程序中通过一个 4 次的 for 循环依次输出了 4 个字符串的内容。该例字符串及字符型指针数组存储示意如图 9-9 所示。

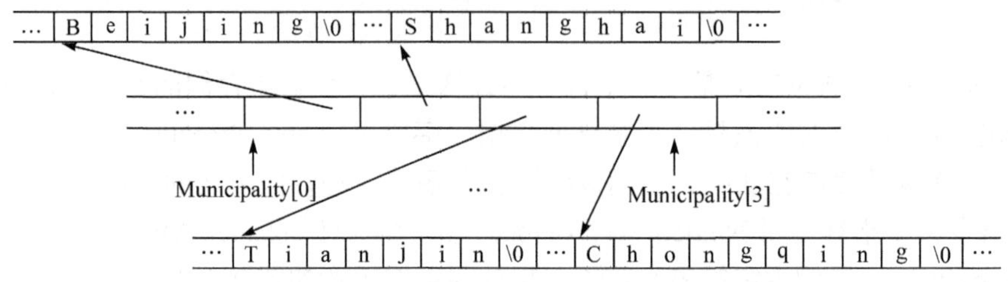

图 9-9　多个字符串的指针实现示意图

9.4.3　字符串的数组实现和指针实现的区别

1. 输入初始化

例 9.9　先定义字符数组，再通过数组名对字符串进行输入赋值和输出。

【程序代码】

```
/*eg9.9.c*/
#include <stdio.h>
int main()
{
  char NameofMyNativePlace[50];        //定义字符数组
  gets(NameofMyNativePlace);         //输入字符串赋值
  puts(NameofMyNativePlace);         //输出字符串
  return 0;
}
```

运行例 9.9 的程序，输入如下：

```
Hefei City Anhui Province
```

【运行结果】

```
Hefei□City□Anhui□Province
```

这里，NameofMyNativePlace 是一个字符数组，程序执行时空间已经分配，可以把用户输入的字符串存储到数组空间中。输入的字符串的长度不能超过数组长度减 1，否则数组空间不够，造成越界错误。

例 9.10　先定义字符指针变量，立即通过指针变量名对字符串进行输入赋值。

【程序代码】

```
/*eg9.10.c*/
#include <stdio.h>
int main()
{
  char *NameofMyNativePlace;//定义字符指针变量
  gets(NameofMyNativePlace);//输入字符串赋值
  puts(NameofMyNativePlace); //输出字符串
  return 0;
}
```

运行例 9.10 的程序，输入如下：

```
Hefei City Anhui Province
```

【运行结果】

这时系统会弹出如图 9-10 的错误提示框。

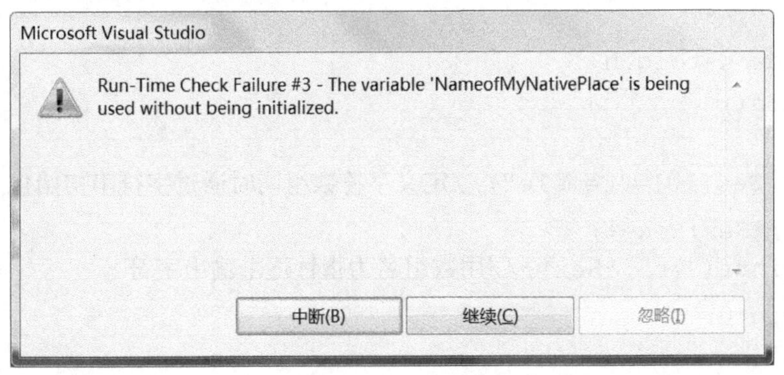

图 9-10 错误提示框

这里，NameofMyNativePlace 是一个字符型指针变量，该变量的空间在程序执行时已经分配，分配给它的空间是用来存储一个地址的，这个地址指向的空间是期望用来存储用户输入的字符串的。而程序中并没有把一个具体的地址赋给 NameofMyNativePlace 变量，所以该变量具体指向哪里不确定。这时通过输入对 NameofMyNativePlace 指向的空间进行赋值就比较冒险，因为有可能正好 NameofMyNativePlace 此时指向的空间中存储的是其他程序的指令区或数据区，A 程序企图修改 B 程序存储区中的内容，显然不合规矩，这时系统就会弹出错误提示框以示警告。

2. 指针常量和指针变量

例 9.11 先定义字符数组，再通过赋值语句用字符串常量初始化数组。

【程序代码】

```
/*eg9.11.c*/
```

```
#include <stdio.h>
int main()
{
  char Sex[10];        //先定义字符数组
  Sex="Female";        //再对字符数组赋值字符串内容
  printf("%s\n",Sex);//输出字符串
  return 0;
}
```

这里，先定义一个字符数组 Sex，然后通过数组名的赋值，期望把表明具体性别的字符串存储到数组名代表的指针指向的数组空间中。遗憾的是，程序编译时系统报告错误，原因是数组名虽然是指针，却是指针常量，按规则，不能给常量赋值，所以编译出错。同样的道理，例 9.12 的出错原因也是如此。

例 9.12 先定义字符数组，同时提供字符串进行初始化，然后通过数组名以指针方式访问每个字符。

【程序代码】

```
/*eg9.12.c*/
#include <stdio.h>
int main()
{
  char Sex[10]="Female";//定义字符数组同时通过字符串初始化
  for(;*Sex;Sex++)
    printf("%c",*Sex);//用数组名为指针逐个输出字符
  return 0;
}
```

这里，希望通过控制符“%c”一个字符一个字符地输出性别字符串，先判断指针 Sex (数组名表示指针)指向的字符是否为字符串的结束标识符'\0'，不是则输出其指向的字符，然后期望通过 Sex++把指针后移取下一个字符。由于数组名表示的是指针常量，不能执行++运算，所以编译出错。

例 9.13 先定义字符指针变量，再使用赋值语句对指针变量赋予字符串值。

【程序代码】

```
/*eg9.13.c*/
#include "stdio.h"
int main()
{
  char *Sex;               //先定义字符指针变量
  Sex="Female";            //再把字符串首地址赋给指针变量
  printf("%s\n",Sex);   //输出指针指向的字符串
```

```
  return 0;
}
```

【运行结果】

```
Female
```

这里，先定义一个字符型指针变量 Sex，然后通过赋值语句把表明具体性别的字符串的首地址赋给该变量，作用就是让 Sex 指向性别串存储区域的开始位置或者说指向性别串的首字符，这显然没任何问题，因为 Sex 是一个指针变量，所以可以把一个地址存储在该变量空间中。同样的道理，例 9.14 也能达到期望的效果。

例 9.14 先定义字符指针变量，同时提供字符串初始化，然后通过指针访问每个字符并输出。

【程序代码】

```
/*eg9.14.c*/
#include <stdio.h>
int main()
{
  char *Sex="Female";        //定义字符指针变量同时用字符串首地址初始化
  for(;*Sex;Sex++)
     printf("%c",*Sex);   //用指针变量逐个输出字符
  return 0;
}
```

【运行结果】

```
Female
```

这里，也是希望通过控制符“%c”一个字符一个字符地输出性别字符串，先判断指针 Sex 指向的字符是否为字符串的结束标识符'\0'，不是则输出其指向的字符，然后通过 Sex++把指针后移取下一个字符，直到性别字符串输出完毕遇到结束标识符'\0'时停止。由于 Sex 是指针变量，所以执行++运算没有任何问题。

9.4.4 字符串的数组实现和指针实现的联系

1. 字符数组的指针方式访问

例 9.15 以指针方式逐个字符地访问字符数组表示的字符串内容。

【程序代码】

```
/*eg9.15.c*/
#include <stdio.h>
```

```
int main()
{
  int i;
  char Sex[10]="Female";
  for(i=0;*(Sex+i);i++)
    printf("%c",*(Sex+i));//以指针方式访问数组中的字符
  return 0;
}
```

【运行结果】

```
Female
```

这里，Sex 是一个字符数组，数组名是一个地址常量，表示数组的基地址，可以给其加上一个整数 *i*，表示数组元素 Sex[*i*]的地址，再通过指针引用运算符的运算*(Sex+*i*)就能够访问数组元素 Sex[*i*]的内容。所以该程序通过一个 for 循环用指针的方式依次访问了数组元素，实现了一个字符一个字符地输出性别字符串的内容。

2. 字符指针的数组方式访问

例 9.16 以数组元素访问方式，逐个字符地访问指针指向的字符串内容并输出。

【程序代码】

```
/*eg9.16.c*/
#include <stdio.h>
int main()
{
  int i;
  char *Sex="Female";
  for(i=0;Sex[i];i++)
    printf("%c",Sex[i]);//以数组方式访问指针指向的字符串
  return 0;
}
```

【运行结果】

```
Female
```

这里，Sex 是一个字符型指针变量，并且指向性别字符串，此时就可以把 Sex 看作一个字符数组的基地址。因此可以通过一个 for 循环用访问数组元素的方式依次访问 Sex 指向的性别字符串中的每一个字符，实现一个字符一个字符地输出性别字符串的内容。

9.5　函数与指针

9.5.1　指针作为函数的参数

通过函数返回值调用一次函数只能带回一个值，当调用函数需要带回多个值时，用指针作为参数是一种可行的途径。

例 9.17　通过调用交换函数来交换两个整数的值。

【程序代码】

```
/*eg9.17.c*/
#include <stdio.h>
void swap(int *ipa,int *ipb)  //该函数用来交换指针 ipa,ipb 指向的两个整数
{
  int temp;
  temp=*ipa;//ipa 指向的整数暂存入 temp 中
  *ipa=*ipb;//ipb 指向的整数存入 ipa 指向的空间
  *ipb=temp;//temp 中暂存的 ipa 指向的原整数存入 ipb 指向的空间
}
int main()
{
  int a=2,b=3;
  swap(&a,&b);//调用 swap 函数交换 a 和 b 的值
  printf("a=%d,b=%d\n",a,b);//输出交换后的 a 和 b 的值
  return 0;
}
```

【运行结果】

```
a=3,b=2
```

这里，被调用函数 swap 的形参是整型指针，作用是实现指针指向的两整数的交换。在主调函数 main 中调用 swap 时，把需要交换内容的两整型变量 a，b 的地址作为实际参数，其作用就是使 swap 的形参指针 ipa，ipb 分别指向 main 中的变量 a，b，这样 swap 执行时交换 ipa，ipb 指向的空间中的值，实际上就是交换 a，b 的值，程序输出的结果说明 a，b 的值确实被交换了。

但是，如果把定义和调用 swap 时的参数都改为基本的整型变量，则 main 中输出的 a,b 值都不会改变。由此说明通过指针型的参数能够从函数带回多个值，这在一定情况下是很有必要的。

另外，指针作为参数有时还能节省空间，提高效率。

例 9.18　通过调用排序函数实现 10 个整型成绩的非递减排序。

【问题分析】

先定义一个排序函数 sort，该函数采用交换排序法对指定个数的整数进行非递减排序。在 main 函数中定义一个 10 元素的一维数组存放待排序的 10 个整数，然后以待排数组的数组名和待排数据的个数为实参调用 sort 函数，从 sort 函数返回后，主函数 main 就可以输出排序后的数据。交换排序法就是：依次把相邻的两个数进行比较，不满足顺序关系就交换位置，每一轮交换排序结束都会排好一个数的位置，*n* 个数经过 *n*–1 轮交换排序就可以得到有序序列。

【交换排序算法描述】

Step1：置外层循环变量 *i* 初值为 1；

Step2：置内层循环变量 *j* 初值为 0；

Step3：若第 *j* 个成绩>第 *j*+1 个成绩，则交换；

Step4：*j*++；

Step5：若 *j*<*n*–*i*，则循环执行 Step3 和 Step4，否则执行 Step6；

Step6：*i*++；

Step7：若 *i*<*n*，则循环执行 Step2～Step7，否则执行 Step8；

Step8：停止。

【程序代码】

```
/*eg9.18.c*/
#include <stdio.h>
void sort(int a[],int n)  //该函数对数组 a 中的 n 个整数进行从小到大排序
{
  int i,j,temp;
  for(i=1;i<n;i++)
    for(j=0;j<n-i;j++)
      if(a[j]>a[j+1])//不满足要求的顺序关系就交换位置
      {
        temp=a[j];
        a[j]=a[j+1];
        a[j+1]=temp;
      }
}
int main()
{
 int Score[]={90,87,95,65,78,99,87,91,56,74};
 sort(Score,10);//调用排序函数对 Score 数组中的 10 个数排序
 for(int i=0;i<10;i++)
   printf("%d ",Score[i]);//循环 10 次输出排序后的数组元素值
 return 0;
}
```

【运行结果】

```
56□65□74□78□87□87□90□91□95□99
```

这里，被调用函数 sort 的第一形参是整型数组(实质是一个整型指针变量)，在主调函数 main 中调用 sort 时，把成绩数组 Score 的数组名作为第一实参与第一形参结合，其作用是把成绩数组的基地址传递给形参 *a*。这样的结果就是使形参数组和实参数组的空间是相同的，并没有再为形参数组开辟新的空间，节省了空间，提高了效率。这在需要传递的数据量特别大时，如成千上万甚至更多个数据时，效果更加显著。

9.5.2 返回值为指针的函数

C 语言函数的返回值不仅可以是预定义的基本类型，也可以是指向基本类型的指针。返回值为指针的函数的通用定义形式为：

```
类型符 *函数名(参数表)
{    ……    }
```

例 9.19 通过调用查找函数实现在第一个字符串中查找第二个字符串首次出现的位置。

【问题分析】

先定义一个函数 find，该函数定义两个字符指针形参，find 的功能是找出字符串 2 在字符串 1 中第一次出现时的位置(以内存地址形式返回)。在 main 函数中定义字符数组 s1 和字符数组 s2 并初始化，然后以两个字符数组名为实参调用 find 函数，并把 find 的返回值赋给一个字符指针变量，该指针变量的值就是串 s2 在串 s1 中第一次出现时的位置指针，可以用这个指针依次输出 s1 中包含的第一个 s2 子串内容。

【查找子串位置算法描述】

Step 0：字符指针变量 temp 初始化为 NULL；

Step1：置外层循环变量 *i* 初值为 0；

Step2：置内层循环变量 *j* 初值为 0；

Step3：若串 1 的第 *i*+*j* 个字符不等于串 2 的第 *j* 个字符，则执行 Step6，否则执行 Step4；

Step4：*j*++；

Step5：若 *j* <串 2 的长度，则循环执行 Step3 和 Step4，否则执行 Step6；

Step6：若 *j* 等于串 2 的长度，则置 temp 的值为串 1 的第 *i* 个字符的指针并执行 Step9，否则执行 Step7；

Step7：*i*++；

Step8：若 *i* <串 1 的长度–串 2 的长度，则循环执行 Step2～Step8，否则执行 Step9；

Step9：返回 temp 值；

Step10：停止。

【程序代码】

```
/*eg9.19.c*/
#include <stdio.h>
```

```
#include <string.h>
//该函数返回 str2 在 str1 中第一次出现的开始地址
char *find(char *str1,char *str2)
{
 int i,j,len1=strlen(str1),len2=strlen(str2);
 char *temp=NULL;        //刚开始假设 str1 中不包含 str2
 for(i=0;i<len1-len2;i++)//str2 出现在 str1 中的位置介于 0 和 len1-len2 之间
 {
     for(j=0;j<len2;j++)//每个新位置 i 都从 str2 的首字符依次向后比较
     {
         if(str1[i+j]!=str2[j]) break;//出现不等则 i 位置肯定不是结果
     }
     if(j==len2)//若从 i 位置开始比较完了 str2 串，则 i 位置就是结果
     {
          temp=&str1[i];
          break;
     }
  }
  return temp;//返回找到的位置地址
}
int main()
{
 char s1[]="This is an example";
 char s2[]="is";
 char *ptr;
 //调用查找函数在 s1 中找 s2 首次出现的位置并把地址赋给 ptr 指针
 ptr=find(s1,s2);
 if(ptr!=NULL)//表示 s1 中包含 s2
     for(int i=0;i<strlen(s2);i++,ptr++)
         printf("%c",*ptr);//逐个字符地输出 s1 中包含的第一个 s2 串
 else
               //当 s1 不包含 s2 时给出提示信息
     printf("string1 does not include string2\n");
 return 0;
}
```

【运行结果】

```
is
```

这里，find 函数实现在字符串 *s*1 中查找字符串 *s*2 第一次出现的位置，若找到则返回字符串 *s*2 第一次出现时首字符在字符串 *s*1 中的地址，所以定义 find 函数时指明其返回值是字符型的指针。在主调函数 main 中调用 find 函数，获得字符串 *s*2 在字符串 *s*1 中的起始地址后，可以从这个地址开始，一个字符一个字符地循环输出字符串 *s*2 长度个字符。从程序的输出结果可以知道，输出的内容确实和字符串 *s*2 相同。

9.5.3 函数的指针与通过指针调用函数

系统也需要给函数代码在内存中分配存储空间，每个函数在执行时都有一条最先被执行的语句(称为入口语句)，存储入口语句的存储空间起始地址(称为入口地址)就是函数的指针。

可以定义一个指向函数的指针变量，然后把一个函数的指针赋给指针变量，相当于该指针变量指向了函数，这时可以用指针变量调用它指向的函数。定义指向函数的指针变量的通用形式如下：

```
类型符(*指针变量名)(参数表);
```

例 9.20 通过指向函数的指针变量实现分别调用求最大值和最小值的函数。

【问题分析】

先定义 Min_value 函数和 Max_value 函数，分别能从指定数组的 *n* 个元素值中求最小值和最大值并作为函数值返回。在主函数 main 中先定义一个指向整型函数的指针变量 i_pf，再定义一个存放 *n* 个整数的一维数组 Score 并初始化，然后依次把 Min_value 函数和 Max_value 函数的指针赋值给 i_pf，通过指向函数的指针变量 i_pf 可以依次调用 Min_value 函数和 Max_value 函数获取 Score 数组中 *n* 个元素的最小值和最大值并输出。

【求最小值算法描述】

Step1：变量 min 置为数组的第一个元素值，循环变量 *i* 赋值 0；

Step2：若 min>数组的第 *i* 个元素值，则 min=数组的第 *i* 个元素值，否则执行 Step3；

Step3：*i*++；

Step4：若 *i* <数组元素的个数，则循环执行 Step2～Step4，否则执行 Step5；

Step5：返回 min；

Step6：停止。

【求最大值算法描述】

Step1：变量 max 置为数组的第一个元素值，循环变量 *i* 赋值 0；

Step2：若 max<数组的第 *i* 个元素值，则 max=数组的第 *i* 个元素值，否则执行 Step3；

Step3：*i*++；

Step4：若 *i* <数组元素的个数，则循环执行 Step2～Step4，否则执行 Step5；

Step5：返回 max；

Step6：停止。

【程序代码】

```
/*eg9.20.c*/
#include <stdio.h>
```

```
int Min_value(int arr[],int n)           //求n个数中的最小数
{
  int i,min=arr[0];                      //先假设第一元素中的值是最小值
  for(i=0;i<n;i++)
    if(arr[i]<min) min=arr[i];           //把比当前最小值还小的元素当作
                                           最小值
  return min;
}
int Max_value(int arr[],int n)           //求n个数中的最大数
{
  int i,max=arr[0];                      //先假设第一元素中的值是最大值
  for(i=0;i<n;i++)
    if(arr[i]>max) max=arr[i];            //把比当前最大值还大的元素当
                                            作最大值
  return max;
}
int main()
{
  int Score[]={97,86,90,91,56,74,93,68,89,79};
  int (*i_pf)(int arr[],int n); //定义指向函数的指针变量
  int Min_score,Max_score;
  i_pf=Min_value;                     //i_pf指针指向求最小数的函数
  Min_score=(*i_pf)(Score,10);        //通过指向函数的指针i_pf调用函数求最
                                        低成绩
  i_pf=Max_value;                     //i_pf指针指向求最大数的函数
  Max_score=(*i_pf)(Score,10);        //通过指向函数的指针i_pf调用函数求最
                                        高成绩
  printf("Min_score=%d,Max_score%d\n",Min_score,Max_score);
  return 0;
}
```

【运行结果】

```
Min_score=56,Max_score=97
```

这里，Min_value 和 Max_value 函数都是返回值为 int 型的函数，并且两个函数的形参一致。在主函数 main 中定义了一个指向函数的指针变量 i_pf，该指针变量的基类型也是 int 型，要和它将指向的函数的返回值的类型保持一致，同时定义 i_pf 时指定的参数也要和它将指向的函数的形参保持一致。这样，在 main 函数中可以分别把求最小值和最大值的函数名(实际上就是函数指针)依次赋给指针变量 i_pf，然后通过 i_pf 指针依次调用它所指向的函数，来求成绩

表中的最低成绩和最高成绩。程序的输出结果说明通过指针调用函数成功。

本 章 小 结

C 语言中有关指针的内容比较抽象，初学者难以理解，容易出错，必须结合编程实践才能真正理解以下知识点。

1. 变量指针与指针变量

变量 x 的指针就是变量 x 的地址，保存变量 x 的指针的变量 p 称为指针变量，此时可以说，指针变量 p 指向变量 x。C 语言程序中，可以通过 x 直接访问 x 变量，也可以通过*p 间接访问 x 变量。因此，指针变量有三个属性：指针变量的地址、指针变量的值(即指针变量指向的变量的地址)、指针变量指向的变量的值，准确理解三者之间的关系是学好指针的关键。

2. 指针变量的使用

使用指针变量时需要注意下面三点。

(1) 指针变量必须先定义并且赋值后才能使用。

(2) 指针变量指向的变量的数据类型必须和指针变量的基类型一致。

(3) 指针变量中保存的是指针型数据，如变量的指针(即变量的地址)，不能是其他类型的数据。

3. 数组指针

存放一个数组所有元素的连续内存区的起始地址称为该数组的指针，数组指针是一个指针常量(程序中用数组名表示)，可以把数组指针赋值给一个指针变量。通过数组指针或指向数组的指针变量可以更高效地访问数组，但程序员要注意指针越界访问数组，C 语言系统不负责检查指针是否越界访问。

字符串可以当作字符数组处理，此时可以借助字符指针变量灵活操作字符串，更可以借助字符指针数组对不定长的动态字符串构成的字符串数组进行灵活操作。

4. 函数指针与指针函数

程序执行时，每一个函数的代码都存储在一片连续的内存区中，该内存区的起始地址称为该函数的指针，函数指针是一个指针常量(程序中用函数名表示)，可以赋值给一个指针变量。通过函数指针或指向函数的指针变量可以调用相应函数。

返回值为指针的函数称为指针函数，指针函数可以返回堆地址、全局变量地址或静态变量地址，不能返回局部变量地址。

第 10 章　结构体、共用体和枚举

C 语言在提供丰富的基本数据类型的同时,也给用户提供了灵活的构造类型和枚举类型的功能，本章将介绍常见的构造类型(包括结构体和共用体)和枚举类型，以及用 typedef 定义新类型名的方法。

10.1　概　　述

在实际问题中，一组数据需要将多个不同类型的数据组合起来，构成一个整体。例如，个人的银行账户信息，它包括银行账号、存款人姓名、账户余额等数据项，其中银行账号、存款人姓名可用字符数组来描述，账户余额需用浮点型数据来描述。这些数据项都是与银行个人账户联系在一起的，它们共同组成了银行个人账户的信息描述。为满足此需求，C 语言提供了一种构造类型，用于描述复杂的数据对象。构造类型由若干个成员项组成，每个成员项可以是基本数据类型，也可以是构造类型。构造类型是一种“构造”而成的数据类型，因此必须在使用之前先声明。

本章重点讨论两种构造类型(即结构体、共用体)和枚举类型。

10.2　定义结构体类型变量的方法

10.2.1　结构体类型声明

结构体声明的一般形式为：

```
struct  结构体名
{
  类型名成员名 1;
  类型名成员名 2;
  ……
  类型名成员名 n;
};
```

struct 是声明结构体类型的关键字，每个成员都是该结构的一个组成部分，成员名和结构体名为用户自定义的标识符，其命名应符合标识符的书写规定。

例如：

```
struct account        /*struct account 类型声明*/
```

```
{
  char ID[20];           /*银行账号*/
  char userName[12];     /*存款人姓名*/
  double balance;        /*账户余额*/
};
```

这个结构体定义个人银行账户信息，其结构体名为 account，包含了三个成员：第一个成员为 ID，其类型为字符数组，用于保存银行账号；第二个成员为 userName，其类型也为字符数组，用于保存存款人姓名；第三个成员为 balance，为 double 类型，用于保存账户余额。

凡声明为 account 类型的变量都由上述三个成员组成。由此可见，结构体是一种复杂的“构造”数据类型，是若干不同类型的成员构成有序变量的集合。

10.2.2　结构体类型变量的定义

结构体变量在使用前必须先定义。定义结构体变量有两种常用方法。

(1) 先声明结构体类型，再定义结构体变量。例如：

```
struct account        /*struct account 类型声明*/
{
  char ID[20];        /*银行账号*/
  char userName[12];  /*存款人姓名*/
  double balance;     /*账户余额*/
};
struct account user1, user2;
```

此时，user1、user2 均是 account 结构体类型的变量。

(2) 在声明结构体类型的同时定义结构体变量。例如：

```
struct account        /*struct account 类型声明*/
{
  char ID[20];        /*银行账号*/
  char userName[12];  /*存款人姓名*/
  double balance;     /*账户余额*/
} user1, user2;
```

注意：此时结构体名 account 可以缺省，缺省带来的弊病是后面无法再定义该结构体类型的其他变量。

10.2.3　结构体类型变量的内存空间

结构体变量中的成员在内存中是按成员的定义顺序存放的，其占用的内存空间大小是各成员所占内存大小之和。例如，对上面例子中定义的 account 结构体类型变量，ID 成员占用了 20 字节(一个 char 型占 1 字节)，userName 成员占用 12 字节，balance 成员占用 8 字节(一个 double

型占 8 字节)。因此,结构体变量 user1 和 user2 各占用 40 字节内存空间。图 10-1 给出了 account 结构体变量占用内存情况示意图。

在 C 语言中,结构体变量所占内存大小也可用运算符 sizeof 计算求得。例如, sizeof(user1) 或 sizeof(struct account)。

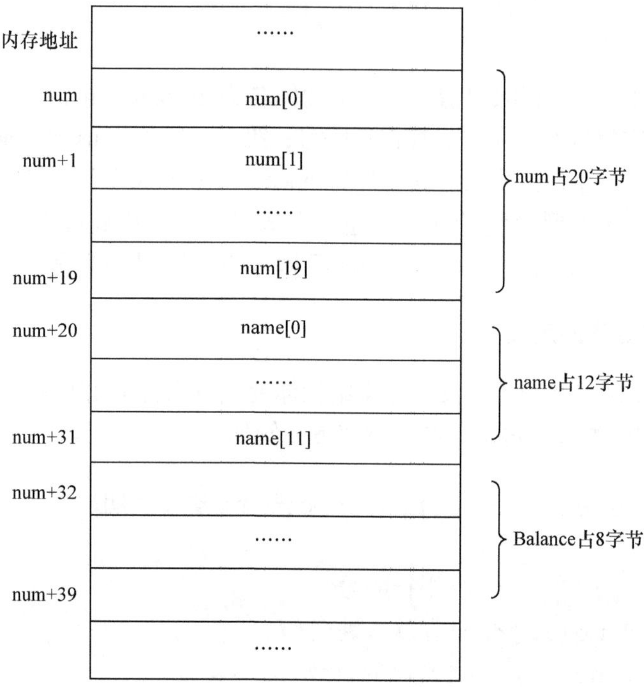

图 10-1　account 结构体变量占用内存情况示意图

10.3　结构体变量成员的引用

在使用结构体变量时，一般不把它作为一个整体直接引用结构体变量，而是通过引用结构体变量中的成员实现对其引用。

引用结构体成员的一般形式为:

```
结构体变量名.成员名
```

例如，user1.ID 表示引用结构体变量 user1 的 ID 成员。

其中，“.” 是成员分量运算符，该运算符具有最高的优先级，自左向右结合。如果成员本身又是一个结构体则必须逐级找到最低级的成员才能使用。

例 10.1　结构体变量的引用。

【程序代码】

```
/*eg10.1.c*/
#include <stdio.h>
struct birthday  /*struct birthday类型声明*/
```

```
{
  int day;     /*出生日*/
  int month;  /*出生月*/
  int year;   /*出生年*/
};
struct user  /*struct user类型声明*/
{
  char *name; /*姓名*/
  char sex;    /*性别*/
  int age;     /*年龄*/
  struct birthday date;      /*出生日期，其是结构体变量*/
};
struct user  user1
int main()
{
  user1.name="Mary";           /*给结构体变量 user1 的成员赋值*/
  user1.age=18;
  user1.sex='f';
  scanf("%d%d%d", & user1.date.year, & user1.date.month, &
        user1. date.day);
                               /*输入 user1 出生日期*/
  user1.age++;
  printf("%s %c %d %d-%d-%d\n", user1.name, user1.sex, user1.
         age, user1.date.year,user1.date.month,ser1.date.
         day);
                               /*输出 user1 变量各成员的信息*/
  return 0;
  }
```

【运行结果】

```
2013□4□1↙
Mary f 19 2013-4-1
```

注意：

(1) 结构体成员为基本数据类型时，与普通变量一样，可以进行任何合法操作，如各种运算、输入/输出等。

(2) 结构体成员为结构体类型时，访问时需访问其成员变量，例如，p1.date.day。

(3) 两个结构体变量间具有相同类型时，结构体变量可作为一个整体，进行互相赋值，例如：

```
struct user user1, user2;
……
user2=user1;  /*即将 user1 变量中成员的值依次赋给 user2 中的对应成员*/
```

10.4 结构体变量的初始化

变量定义的同时对其进行赋值称为变量的初始化。与其他类型变量一样，对结构体变量定义时可以进行初始化。

例 10.2 结构体变量的初始化。

【程序代码】

```
/*eg10.2.c*/
#include <stdio.h>
struct student                    /*定义 struct student 类型的结构体*/
{
   char *ID;      /*学号*/
   char *name;    /*姓名*/
   char sex;      /*性别*/
   int score;     /*分数*/
}stu1={"2018012001","Tom",'f',95}; /*对结构体变量 stu1 进行初始化*/
int main()
{
  struct student stu2={"2018012002","Jerry",'m',90};
                  /*对结构体变量 stu2 进行初始化*/
  printf("%s,%s,%c,%d\n",stu1.ID,stu1.name,stu1.sex,stu1.sc
        ore);
  printf("%s,%s,%c,%d\n",stu1.ID,stu2.name,stu2.sex,stu2.sc
        ore);
  return 0;
}
```

【运行结果】

```
"2018012001",Tom,f,95
"2018012002",Jerry,m,90
```

注意：结构体类型可以在函数内部进行声明。例如：

```
#include <stdio.h>
int main()     /*在函数内部定义结构体*/
```

```
{
struct  student   /*定义 struct  student 类型的结构体*/
{
   char *ID;      /*学号*/
   char *name;    /*姓名*/
   char sex;      /*性别*/
   int score;     /*分数*/
}stu1={"2018012001", "Tom",'f',95},stu2={"2018012002","Alice",
'm',90};      /*对结构体变量 stu1 进行初始化*/
   printf("%s,%s, %c, %d\n", stu1.ID, stu1.name, stu1.sex, stu1.
             score);
   printf("%s,%s, %c, %d\n", stu1.ID, stu2.name, stu2.sex, stu2.
            score);
   return 0;
}
```

10.5　结构体数组

数组的元素可以是结构体类型的，对应的数组称为结构体数组。结构体数组的每一个元素都是具有相同结构体类型的结构体变量。在实际应用中，结构体数组经常用来表示具有相同数据结构的一个群体，如学生信息表、职工工资表等。

10.5.1　结构体数组的定义

定义结构体数组的方法与一般数组定义方法相同。例如：

```
struct student  /*定义 struct  student 类型的结构体*/
{
 char *ID;       /*学号*/
 char *name;     /*姓名*/
 char sex;       /*性别*/
 int score;      /*分数*/
};
struct student stu[100];  /*定义 struct  student 类型的结构体数组*/
```

该例子定义了一个结构体数组 stu，包含 100 个元素，即 stu[0]~stu[99]，每个元素都是 struct student 类型变量。

另外，也可在声明结构体类型的同时，直接定义结构体数组，例如：

```
struct student   /*定义 struct  student 类型的结构体*/
```

```
{
  char *ID;
  char *name;
  char sex;
  int score;
}stu[100];          /*定义 struct student 类型的结构体数组*/
```

10.5.2 结构体数组的初始化

结构体数组也可在定义时对其初始化，初始化的方法与普通数组类似。例如：

```
struct student  /*定义 struct student 类型的结构体*/
{
  char *ID;
  char *name;
  char sex;
  int score;
}stu1[3]={
              {"2018012001","Tom",'f',95},
              {"2018012002","Jerry",'m',90},
              {"2018012003","Jack",'m',85}
         };  /*定义包含三个元素的结构体数组 stu1 并进行初始化*/
struct student stu2[2]={
             {"2018012004","Kate",'f',95},
             {"2018012005","Peter",'m',90},
          };  /*定义包含两个元素的结构体数组 stu2 并进行初始化*/
struct student stu3[]={
             {"2018012006","Jason",'m',85},
             {"2018012007","Alice",'f',75},
          }  /*全部元素做初始化赋值时，数组长度可省略*/
```

例 10.3 编写程序计算学生的平均成绩和 90 分及其以上的人数。

【问题分析】

要计算学生的平均成绩，需要获得以下信息：学生的 ID、姓名、性别以及分数，将每个学生的信息存储在数组中，在 main 函数中用 for 语句逐个累加各学生的成绩(存于变量平 sumScore 中)，同时记录成绩大于等于 90 的学生人数(存于变量 count 中)。循环结束后求平均分，最后输出相应结果。

【算法描述】

Step1：定义 struct student 类型的结构体；

Step2：数组形式输入 3 条学生记录；

Step3：main 函数内定义总成绩、总人数以及平均成绩并初始化；

Step4：用 for 循环累加学生成绩存放在 sumScore；

Step5：if 判断语句 stu1[*i*].score >= 90 记录分数大于等于 90 的人数，count++；

Step6：循环结束求取平均成绩 averageScore；

Step7：输出结果。

【程序代码】

```
/*eg10.3.c*/
#include <stdio.h>
struct student /*定义 struct student 类型的结构体*/
{
  char *ID;
  char *name;
  char sex;
  int score;
}stu1[3]={
   {"2018012001","Tom",'f',95},
   {"2018012002","Jerry",'m',90},
   {"2018012003","Jack",'m',85}
};
int main()
{
  int sumScore=0, count=0;          /*定义变量，并初始化*/
  float averageScore=0;
  int i;
  for(i=0; i<3; i++)
  {
    sumScore+=stu1[i].score;        /*求学生成绩之和*/
    if(stu1[i].score>=90)           /*求 90 分及其以上的人数*/
      count++;
  }
  averageScore=sumScore/3.0f;       /*求平均成绩*/
  printf("平均分为：%.1f\n90 分及其以上人数为：%d\n", averageScore,
        count);
  return 0;
}
```

此程序在 main 函数外部声明了结构体数组 stu，共有 3 个元素，并进行初始化。在 main 函数中用 for 语句逐个累加各学生的成绩(存于变量 sumScore 中)，同时记录成绩大于等于 90 的学生人数(存于变量 count 中)。循环结束后求平均分，最后输出相应结果。

【运行结果】

```
平均分为：90.0
90 分及其以上人数为：2
```

10.6　共　用　体

在进行程序设计时，需要将几种不同类型的变量存放到同一段内存单元中。在 C 语言中，这种使几个不同的变量共同占用一段内存的结构，称作“共用体”类型结构，简称共用体。与结构体相似，共用体也由若干不同类型的成员组成。共用体与结构体的最大区别是：在结构体(变量)中，结构体的各成员顺序排列存储，每个成员都有自己独立的存储位置，因此结构体变量占有的内存大小是其各成员占有的内存之和；而共用体中各成员间引用相同一块内存空间，因此共用体变量每个时刻只能保存它的某一个成员的值，其占有的内存大小是其各成员所需内存的最大值。

C 语言提供共用体结构的出发点是：共享内存，节省存储空间。由于各成员间共用一块内存空间，共用体的内存空间中只存放其中一个成员的数据。不同时刻共用体可以存放不同的成员，共用体变量中起作用的成员是最后一次存放的成员，当存入一个新成员后，原有成员就失去作用了。

10.6.1　共用体类型声明

共用体类型声明的一般形式为：

```
union  共用体名
{
   类型名成员名 1;
   类型名成员名 2;
   ……
   类型名成员名 n;
};
```

其中，union 是声明共用体类型的关键字，不能省略，成员名和共用体名为用户自定义的合法标识符。

10.6.2　共用体变量的定义及引用

共用体变量的定义及引用类似于结构体变量。例如：

```
union data          /*定义 data 类型的共用体*/
{
   char ch;
   int i;
```

```
}d1, d2;            /*声明类型时，紧接定义变量*/
union data d3;      /*定义共用体类型变量*/
d1.i=95;            /*成员引用也使用'.'运算符*/
d1.ch='A';
```

共用体变量 d_1 的内存占有情况如图 10-2 所示。

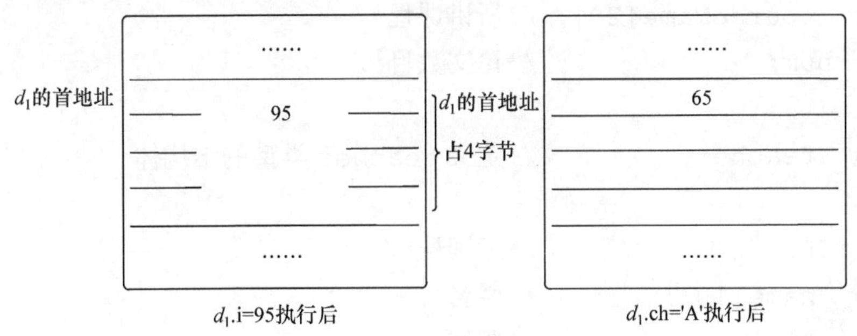

图 10-2 共用体变量 d_1 内存占有情况示意图

注意：

(1) 共用体变量与其各成员具有相同的地址。&d_1，&d_1.c，&d_1.n 是同一个地址。

(2) 共用体变量不能进行初始化(这与结构体变量不同)，如“union data d4={'B', 98};”是错误的。

(3) 共用体变量任何时刻只有一个成员存在。上述代码中，d_1.i 值被 d_1.ch 值覆盖，仅 d_1.c 值为最终有效值。

(4) 定义共用体时共用体名可省略，与结构体名的省略类似，其弊病是不能定义其他共用体变量。

例 10.4 从键盘输入三位教师的信息，包含教师工资号、姓名、职称，以及根据教师的职称不同输入相应的其他信息：若职称为教授，则输入发表的论文数目，其他职称的教师则输入承担的课程。最后，输出教师的所有信息。

【问题分析】

先定义 info 类型结构体，包括 char 类型教师所讲课程，int 型论文数目，还要定义包含 ID、name、title 等信息的 teacher 类型结构体，main 函数中 for 语句循环输入 3 位教师的信息，再嵌套一个 if 判断语句，根据 tea[*i*].title == 'P'表示教师为教授，则输入论文数，否则表示其他职称，则输入相应的承担课程，最后再使用 for 语句和 if 判断语句嵌套输出 3 位教师的所有信息。

【算法描述】

Step1：定义 info 类型的共用体，包括所讲课程 courseName[20]以及论文数目 num；

Step2：定义 teacher 类型的结构体 ID，name[10]，title，info other；

Step3：main 函数内 for 语句循环输入教师基本信息；

Step4：如果 tea[*i*].title=='P'，则输入论文数 tea[*i*].other.num；

Step5：否则，输入所讲课程 tea[*i*].other.courseName；

Step6：使用 for 循环和 if 判断语句，输出教师的所有信息；

Step7：输出结果。

【程序代码】

```
/*eg10.4.c*/
#include <stdio.h>
union  info                  /*定义 info 类型的共用体*/
{
  char  courseName[20]; /*所讲课程*/
  int  num;                 /*论文数目*/
};
struct  teacher              /*定义 teacher 类型的结构体*/
{
  int  ID;                  /*工资号*/
  char  name[10];           /*姓名*/
  char  title;              /*职称*/
  union  info other;        /*其他信息：所讲课程或论文数目*/
} tea[3];

int main()
{
  int i;
  for(i=0; i<3; i++)
  {
    printf("input ID, name, title: ");
    scanf("%d %s %c", &tea[i].ID,tea[i].name,&tea[i].title);
    /*输入教师基本信息，输入时用一个空格分隔*/
    if(tea[i].title=='P')        /*P 代表教授，若是教授，则输入论文数*/
    {
      printf("input paper number: ");
      scanf("%d", &tea[i].other.num);
    }
    else   /*若是其他职称，则输入所讲课程*/
    {
      printf("input courseName: ");
      scanf("%s",tea[i].other.courseName); /*courseName 是数组名，
                                               不需要&*/
    }
  }
  for(i=0; i<3; i++)      /*输出各教师的信息*/
```

```
    {
      printf("%d %s %c ", tea[i].ID, tea[i].name, tea[i].title);
      if(tea[i].title=='P')
        printf("%d\n",tea[i].other.num);
      else
        printf("%s\n", tea[i].other.courseName);
    }
    return 0;
}
```

【运行结果】

```
input ID, name, title: 1001 Zhangsan P
input paper number: 10
input ID, name, title: 1002 Lisi L
input courseName: computer_science
input ID, name, title: 1003 Wangwu
input courseName: C_language
1001 Zhangsan P 10
1002 Lisi L computer_science
1003 Wangwu L C_language
```

10.7　枚 举 类 型

在实际应用中，变量的取值被限定在一个有限的范围内，如表示一周中的某天的变量取值只能取周一、周二、周三……和周日，季节变量只有春、夏、秋和冬。而这些变量不适合用整型、字符串等类型直接描述。为此，C语言提供了一种称为“枚举”的类型。 在“枚举”类型的定义中，通过列举出所有可能的取值，说明该“枚举”类型的变量取值不能超过所列举的值。

10.7.1　枚举类型声明

枚举类型声明的一般形式为：

```
enum 枚举名
{
  常量1[=整型常数],常量2[=整型常数],…,常量n[=整型常数]
};
```

其中，enum 是声明枚举类型的关键字，花括号内的各常量(可称为“枚举常量”)是该枚举类型的变量的合法取值。在默认情况下，C 语言规定各常量的值按声明顺序依次是 0,1,2，…，即从 0 开始，顺序加 1。另外，花括号后面的分号不能丢。

例如：

```
enum weekday  /*声明枚举类型*/
{
  Mon, Tue, Wed, Thu, Fri, Sat, Sun
};
```

Mon，Tue，Wed，Thu，Fri，Sat，Sun 均是枚举常量，对应的值依次是 0、1、2、3、4、5、6。需注意的是，枚举常量的值在声明枚举类型时可重新指定。例如：

```
enum weekday  /*声明枚举类型*/
{
  Mon=2, Tue=3, Wed=4, Thu=5, Fri=7, Sat=10, Sun=12
};
```

也可只给其中的部分枚举常量重新指定值。例如：

```
enum weekday  /*声明枚举类型*/
{
  Mon, Tue, Wed=5, Thu, Fri, Sat=10, Sun
};
```

此时，Mon 的值是 0，Tue 的值是 1，Wed 的值是 5，特别地，Thu，Fri 的值依次是 6、7(在新指定的值上顺序加 1)，Sun 值是 11。

在枚举类型声明之外，不允许对枚举常量赋值。例如：

```
Mon=2;
```

该语句是非法的，因为 Mon 是常量。

10.7.2 枚举变量的定义及引用

枚举变量的定义类似于结构体和共用体变量的定义，但引用方式不同于前两者。例如：

```
enum season  /*声明枚举类型*/
{
  spring,summer,autumn,winter
}sea1;                          /*声明枚举类型的同时，定义枚举变量 s1*/
enum season sea2;               /*定义枚举变量 s2*/
sea2=winter;                    /*给枚举变量赋值*/
```

注意：

(1) 枚举变量值只赋值为枚举值，例如，对变量 sea1 和 sea2，只能赋值为 spring，summer，autumn，winter 中的一个，“sea2 = heat;”是错误的。

(2) 枚举变量值输出值为对应的数值，而非列举的值(字符串)。例如，若“sea2 = spring;”，则执行“printf("%d", s2)”语句时，输出 0，而语句“printf("%s", s2)”是错误的。

(3) 整数值不能直接赋给枚举变量。例如，语句“sea1=3”是错误的(因为两者类型不同)。若要赋值，则必须进行强制类型转换。即“sea1=(enum season)3;”等价于“sea1=winter;”。

(4) 枚举值可以进行关系运算。例如，if(sea1 > spring) {……}。

例 10.5　枚举类型举例。

【程序代码】

```
/*eg10.5.c*/
include <stdio.h>
int main()
{
  enum weekday   /*枚举类型声明*/
  {
    Mon, Tue, Wed, Thu, Fri, Sat, Sun
  }today, tomorrow;   /*定义枚举变量 today, tomorrow*/
  today=Tue;
  printf("%d\n",today);
  tomorrow=(enum weekday)(today%7+1); /*计算 tomorrow 是周几*/
  //printf("%d\n",tomorrow);
  switch(tomorrow)
      {
        case Mon: printf("Tomorrow is Monday!\n");break;
        case Tue: printf("Tomorrow is Tue.!\n");break;
        case Wed: printf("Tomorrow is Wed.!\n");break;
        case Thu: printf("Tomorrow is Thu.!\n");break;
        case Fri: printf("Tomorrow is Fri.!\n");break;
        case Sat: printf("Tomorrow is Sat.!\n");break;
        case Sun: printf("Tomorrow is Sun!\n");break;
        default:printf("Input Eorror");
      }
      return 0;
}
```

【运行结果】

```
1
Tomorrow is Wed.!
```

枚举常量通常是有意义的标识符，这些常量在程序中自动被看作整数。而用这些标识符去代表相应整数，能够便于理解，见名知意。需要强调的是，枚举类型是一种基本数据类型，而不是一种构造类型，其不能再分解为任何基本类型。

10.8　用 typedef 定义类型

C 语言不仅提供了丰富的数据类型，包括基本类型(如整型、字符型、实型等)、构造类型(如结构体和共用体)和枚举类型，还允许由用户自己定义类型说明符，即允许由用户为数据类型定义新的类型名。类型定义符 typedef 即用来完成此功能。

typedef 定义新的类型名一般形式为：

```
typedef  原类型名  新类型名;
```

例如：

```
typedef double length, width; /*给 double 添加新名 length,width*/
length i;      /*i 是 length 型变量，等价于 double i*/
width j;       /*j 是 width 型变量，等价于 double j */
```

用 typedef 定义数组、指针和结构体等类型将带来很大的方便，不仅使书写简单而且使意义更为明确，因而增强了程序的可读性。

例如，“typedef char NAME[10];”表示 NAME 是字符数组类型，数组长度为 10。然后用 NAME 说明变量，如“NAME name1, name2;”。

完全等效于：

```
char name1[10], name2[10];
```

又如：

```
typedef struct student /*定义 struct student 结构体，并定义其别名为
                         STUDENT*/
{
  char *name;
  int score;
}STUDENT;
```

STUDENT 表示 struct student 结构体，可用 STUDENT 来定义结构体变量。例如：

```
STUDENT  stu1,stu2;   /*stu1, stu2 是 struct student 结构体变量*/
```

注意：当原类型名中含有定义部分时，新类型名一般用大写表示，以示区别。

本 章 小 结

本章主要介绍了结构体、共用体、枚举类型的基本概念、声明方法，相应变量的定义和

引用方法，以及 typedef 自定义新类型名的方法。

结构体用来描述由不相同类型的成员构成的一个逻辑整体，成员的类型可以是基本数据类型，也可以是构造类型，每个成员均独立占有内存空间。结构体类型利用 struct 关键字声明，结构体变量允许初始化。

共用体与结构体类似，不同点是共用体所有成员共用一块内存空间，任何时刻该内存空间中只存放一个成员的数据，最后一次存放的成员是最终成员。共用体类型利用 union 关键字声明，共用体变量不允许初始化。

枚举适用于变量只取有限个固定值的情形。枚举类型利用 enum 关键字声明，枚举变量的值只能取枚举类型声明中给出的枚举常量。

typedef 用于为已有的类型定义新的类型名，并不产生新的数据类型。

第 11 章　位　运　算

第 9 章的指针和本章的位运算常应用于系统软件的编写中，也是 C 语言的重要特色，C 语言中主要有 6 种位运算。

11.1　位 运 算 符

C 语言提供的六种位运算符及含义，如表 11-1 所示。

表 11-1　位运算符及含义

运算符	含义
&	按位与
|	按位或
^	按位异或
～	按位求反
<<	左移
>>	右移

说明：

(1) 按位求反(～)为单目运算符，其余均为双目运算符，运算对象只能是整型或字符型数据。

(2) 位运算符的优先级由高到低的顺序为～、<<、>>、&、|、^。

11.2　位运算符功能

1. 按位与运算符(&)

按位与运算符“&”是将参加运算的两个运算数，按照对应的二进制位分别进行“与”运算。当两个相应的二进制位都为 1 时，该位结果为 1，否则为 0。即

0&0=0，0&1=0，1&0=0，1&1=1

例如，表达式 7&9 的运算如下：

```
        00000111    (7)
(&)     00001001    (9)
--------------------------
        00000001    (1)
```

因此，7&9 的值为 1，如果运算数为负数，则以补码的形式来表示二进制数。由上述运行

过程可知，只要和相应位 0 进行“与”运算，则该位运算结果为 0，所以按位与运算符具有清 0 用途。

例 11.1 保留一个整数 3～5 位，其他位变为 0。

【程序代码】

```
/*eg11.1.c*/
#include <stdio.h>
int main()
{
   int a,b;
   printf("\n input a:\n");
   scanf("%d",&a);
   b=56;                                    //3～5 位为 1，其他位为 0
   a=a&b;                                   //按位与运算，保留 a 的 3～5 位
   printf("%d\n",a);
   return 0;
}
```

【运行结果】

```
input a:
107
40
```

【程序分析】

b=56，其 3～5 位的值为 1，其余位为 0，由于一个位数与 1 进行“&”运算，数值不变，而与 0 进行“&”运算，则结果为 0，所以 *a*&*b* 保留 3～5 位，其余位变为 0。当输入 107(01101011) 时，按位与运算后，变量 *a* 的值为 40(00101000)。

2. 按位或运算符(|)

按位或运算符“|”是将参加运算的两个运算数，按照对应的二进制位分别进行“或”运算。只有两个相应的二进制位都为 0 时，该位结果为 0，否则为 1。即

0 | 0=0，0 | 1=1，1 | 0=1，1 | 1=1

例如，表达式 7 | 9 的运算如下：

```
         00000111     (7)
(|)      00001001     (9)
---------------------------
         00001111     (15)
```

按位或运算符能够对一个数据的某些位定值为 1，其余位不变。即对这些位与 1 进行“或”运算，其余位与 0 进行“或”运算。

例 11.2 将整数 0～5 位置为 1，其他位不变。

【程序代码】

```
/*eg11.2.c*/
#include <stdio.h>
int main()
{
  int a,b;
  printf("\n input a:\n");
  scanf("%d",&a);
  b=63;                              //0～5 位为 1，其他位为 0
  a=a|b;                             //按位或运算，使 a 的 0～5 位为 1
  printf("%d\n",a);
  return 0;
}
```

【运行结果】

```
input a:
64
127
```

【程序分析】

b=63，其 0～5 位的值为 1，其余位为 0，由于一个位数与 1 进行“|”运算，结果为 1，而一个位数与 0 进行“|”运算，则值不变，所以 $a|b$ 使 0～5 位值变为 1，其余位不变。当输入 64(01000000)时，按位或运算后，变量 a 的值为 127(01111111)。

3. 按位异或运算符(^)

按位异或运算符“^”是将参加运算的两个运算数，按照对应的二进制位分别进行“异或”运算。当两个相应的二进制位相同时，该位结果为 0，否则为 1。即

0 ^ 0=0，0 ^ 1=1，1 ^ 0=1，1 ^ 1=0

例如，表达式 7 ^ 9 的运算如下：

```
     00000111  (7)
(^)  00001001  (9)
----------------------
     00001110  (14)
```

由此可见，要使某位的数翻转，只要使其和 1 进行“异或”运算，而要使某位保持原数，只要使其和 0 进行“异或”运算。所以利用“异或”运算可以使一个数中某些位翻转，其余位不变。

例 11.3　将整数 1～4 位的值翻转，其他位不变。

【程序代码】

```
/*eg11.3.c*/
```

```
#include <stdio.h>
int main()
{
  unsigned int a,b;
  printf("\n input a:\n");
  scanf("%o",&a);
  b=036;              //1~4 位为 1，其他位为 0
  a=a^b;              //按位异或运算，使 a 的 1~4 位翻转
  printf("%o\n",a);//以八进制无符号形式输出
  return 0;
}
```

【运行结果】

```
input a:
55
63
```

【程序分析】

b=036(00011110)，其 1～4 位的值为 1，其余位为 0，由于一个位数与 1 进行“^”运算，结果为其值翻转，而一个位数与 0 进行“^”运算，则其值不变，所以 *a*^*b* 使得 1～4 位值翻转，其余位值不变。当输入 055(00101101)时，按位异或运算后，变量 *a* 的值变为 063(00110011)。

4. 按位取反运算符(～)

按位取反运算符“～”是位运算符中唯一的单目运算符，运算数位于运算符“～”的右边。运算符“～”是把运算数的内容按位取反，即 0 变 1，1 变 0。

例如，表达式～9 的运算如下：

$$\begin{array}{rr} (\sim) & 00001001 \\ \hline & 11110110 \end{array}$$

按位取反运算符“～”为单目运算符，其优先级高于其他位运算符，也比算术运算符、关系和逻辑运算符高。

例 11.4　阅读程序，当输入为 1 时，给出输出结果。

【程序代码】

```
/*eg11.4.c*/
#include <stdio.h>
int main()
{
  int a;
  printf("\n input a:\n");
```

```
  scanf("%d",&a);
  a=~a;               //使 a 所有位的值取反
  printf("%o\n",a);//以八进制无符号形式输出 a 的值
  return 0;
}
```

【运行结果】

```
input a:
1
37777777776
```

【程序分析】

a=1(00000000000000000000000000000001)，执行 *a*=～*a* 后，其二进制值为都取反，因此 *a* 的值变为 11111111111111111111111111111110(八进制值为 37777777776)。

5. *左移运算符*(<<)

左移运算符“<<”的功能是将一个运算数的各二进制位向左移动若干位，其中运算符左边为位移对象，右边为移动的位数，高位（左端）溢出舍弃，低位（右端）补 0。

例如：

```
a=a<<3;
```

将 *a* 的各二进制位向左移动 3 位，低位补 0。例如，*a*=7(00000111)，左移 3 位得 00111000，即运算后 *a* 为 56。

由上例可知，左移 1 位相当于该数乘以 2，左移 3 位相当于乘以 2^3=8，即 7<<3=56，但此结论只适用于左移时高位移出的部分不包含 1 的情况。

例 11.5　输入两个整数 *a* 和 *b*，利用位运算符求出 $a\cdot 2^b$，并输出。

【程序代码】

```
/*eg11.5.c*/
#include <stdio.h>
int main()
{
  unsigned int a,b;
  printf("\n input a,b:\n");
  scanf("%d%d",&a,&b);
  a=a<<b;        //向左移 b 位
  printf("%d\n",a);
  return 0;
}
```

【运行结果】

```
input a,b:
64 2
256
```

【程序分析】

a=64(00000000000000000000000001000000)，*b*=2，所以 *a* 向左移动 2 位，低位补 0，*a* 变为 00000000000000000000000100000000，即 256。

此外，当 *a*=2147483647(01111111111111111111111111111111)，*b*=1 时，*a* 向左移动 1 位，低位补 0，*a* 变为 11111111111111111111111111111110，即 *a*= –2。当 *a*=1073741824(01000000000000000000000000000000)，*b*=1 时，*a* 向左移动 1 位，*a* 变为 10000000 000000000000000000000000，即 *a*= –2147483648。由此可知，当 $a \cdot 2^b$ 超过整型数值表示范围时，结果不正确。

6. *右移运算符*(>>)

右移运算符“>>”的功能是将一个运算数的各二进制位向右移动若干位，其中运算符左边为位移对象，右边为移动的位数，低位(右端)被舍弃。当运算数为正数时，高位补 0；当为负数时，高位补 1。

例如：

```
a=a>>2;
```

将 *a* 的各二进制位向右移动 2 位，高位补 0。例如，*a*=12(00001100)，右移 2 位得 00000011，即运算后 *a* 为 3。可知，右移 1 位相当于该数除以 2，右移 *n* 位相当于除以 2^n。

例 11.6　输入两个整数 *a* 和 *b*，利用位运算符求出 $a/2^b$，并输出。

【程序代码】

```
/*eg11.6.c*/
#include <stdio.h>
int main()
{
  unsigned int a,b;
  printf("\n input a,b:\n");
  scanf("%d%d",&a,&b);
  a=a>>b;      //向右移 b 位
  printf("%d\n",a);
  return 0;
}
```

【运行结果】

```
input a,b:
```

```
63 2
15
```

【程序分析】

a=63(00000000000000000000000000111111)，b=2，所以 a 向左移动 2 位，高位补 0，a 变为 00000000000000000000000000001111，即 a=15。数值右移 b 位，则得到 $a/2^b$ 的结果，且取整，小数部分丢弃。

7. 位运算赋值运算符

赋值运算符与位运算符可以组成复合赋值运算符，包括&=、|=、^=、<<=、>>=。

例如，a^=b 相当于 a=a^b。

11.3　位运算举例

例 11.7　输入一个整数，保留该整数 7～9 位的值，其他位制为 0，再将该数除以 2^3。

【程序代码】

```
/*eg11.7.c*/
#include <stdio.h>
int main()
{
  int a,b;
  printf("\n input a:\n");
  scanf("%d",&a);
  b=01600;            //7～9 位为 1，其他位为 0
  a=a&b;              //按位与运算，保留 a 的 7～9 位
  printf("%d\n",a);
  a>>=3;              //复合赋值运算符，向右移动 3 位
  printf("%d\n",a);
  return 0;
}
```

【运行结果】

```
input a:
3328
256
32
```

【程序分析】

b=01600(00000000000000000000001110000000)，其 7～9 位的值为 1，其余位为 0，由

于一个位数与 1 进行“&”运算，数值不变，而与 0 进行“&”运算，则结果为 0，所以 *a*&*b* 保留 7～9 位，其余位变为 0。当输入 3328(00000000000000000000110100000000)时，按位与运算后，变量 *a* 除了 7～9 位的“010”不变，其余位变为 0，即 *a* 的值变为 256 (0000000000000000000000**010**0000000)，再对变量 *a* 向右移动 3 位，高位补 0，*a* 的值变为 00000000000000000000000000100000，即 *a*=32。

例 11.8 输入一个整数，输出这个整数二进制位中 1 的个数。

【程序代码】

```
/*eg11.8.c*/
#include <stdio.h>
int main()
{
  unsigned int a;
  int sum=0,i;
  scanf("%o",&a);
  for(i=0; i<32;i++)          //整数为 32 位
  {
    if((a&1)==1)              //只保留第 0 位，其余位置 0
      sum++;                  //若条件成立则该位为 1，sum 加 1
    a=a>>1;                   //a 向右移 1 位
  }
  printf("%d\n",sum);         //输出 1 的个数
  return 0;
}
```

【运行结果】

```
37777777777
32
```

【程序分析】

for 语句循环执行 32 次，且将 *a* 中的每位数循环位移至 0 位，并判断是否为 1，从而得出整数 *a* 中 1 的个数。当给 *a* 输入八进制数 37777777777(11111111111111111111111111111111)赋值给 *a* 时，输出 32。

例 11.9 将整数 *a* 的低 *k* 位移到整数 *b* 的高 *k* 位上。

【程序代码】

```
/*eg11.9.c*/
#include <stdio.h>
int main()
{
```

```
    int a,b,c,k;
    scanf("%o%o%d",&a,&b,&k);
    a=a<<32-k;                   //将 a 的低 k 位移到高位上
    c=0xFFFFFFFF;
    c=c>>k;                      //将 c 高 k 位置为 0，其余位为 1
    b=b&c;                       //将 b 高 k 位清 0，其余位不变
    b=a|b;                       //将 a 原来低 k 位，移到 b 的高位上
    printf("%o\n",a);
    return 0;
}
```

【运行结果】

```
77  20000000007  2
30000000007
```

【程序分析】

运行开始时输入八进制 77 给 *a*(即二进制位 00000000000000000000000000111111)，20000000007 给 *b*(即二进制位 10000000000000000000000000000111)，*a* 左移 32−2=30 位后变为 11000000000000000000000000000000，*b*&*c* 后变为 00000000000000000000000000000111，*b*=*a*|*b* 运行后 *b* 变为 11000000000000000000000000000111，即八进制 30000000007。

本 章 小 结

本章介绍了 6 种位运算符及含义，包括按位与运算符“&”、按位或运算符“|”、按位异或运算符“^”、按位取反运算符“～”、左移运算符“<<”、右移运算符“>>”，并介绍了 6 种运算符的优先级。重点介绍了每种位运算符的功能和使用实例。

第 12 章　文　件

在计算机程序中，由于输入、输出应用场景的需要，例如，输入由其他软件生成的数据，或者输出需要长期保存、重复使用，C 语言需要进行文件的操作。本章主要介绍文件的基本概念和基本操作，包括文件的打开、关闭、读写、定位等操作。通过本章的学习读者应能熟练地使用 C 语言的输入/输出函数。

12.1　文 件 概 述

12.1.1　文件的基本概念

文件是一组相关数据的有序集合，这个数据集的名称，称为文件名。文件是计算机知识的载体，通常情况下，使用计算机也就是在使用文件。前面介绍了标准输入、输出函数，从键盘输入，由显示器或打印机输出。由于应用场景的需要，C 语言有时需要从外部文件获取数据，然后将处理结果永久保存下来，这时输入和输出的对象是文件，因此文件系统也是输入和输出的操作对象。

所有文件都通过流进行输入、输出操作。根据操作流的类型，文件可以分为文本文件和二进制文件两类。

(1) 文本文件，也称为 ASCII 文件。这种文件在保存时，每个字符对应一字节，用于存放字符的 ASCII 码。

(2) 二进制文件，它按照二进制编码方式保存内容。

一方面，由于文本文件保存的是 ASCII 码，其可读性较强，可以方便地通过记事本等工具打开查看，而二进制文件通过记事本打开将产生不可阅读的乱码；另一方面，文本文件在保存和读取过程中存在ASCII码的映射转换，而二进制文件直接进行二进制码的保存和读取，因此，二进制文件的操作速度比文本文件的操作速度要快。一般在进行 C 语言程序编写过程中，根据需要选择适当的文件类型进行读写操作。

12.1.2　缓冲型文件系统

在 C 语言中有两种对文件的处理方法，一种是缓冲型文件系统，又称为标准文件系统，它由系统自动在内存中为每一个正在使用的文件开辟一个缓冲区，其工作方式如下所述，当从磁盘向内存读入数据时，则一次从磁盘文件将一些数据输入内存缓冲区(充满缓冲区)，然后从缓冲区逐个将数据分配给接收变量；当向磁盘文件输出数据时，系统先将数据送到内存的缓冲区，装满缓冲区后再写入磁盘。另一种是非缓冲型文件系统，它不是由系统自动设置缓冲区，而是由程序为每个文件设定缓冲区。

因为系统对磁盘文件中数据的存取速度与其对内存中数据的存取速度不同，为了提高数据存取访问的效率，C 语言程序对文件采用缓冲型文件系统的方式进行操作。通过缓冲区可以一次读入一批数据，或输出一批数据，而不是执行一次输入或输出函数就访问一次磁盘，这样做的目的是减少对磁盘的实际读写次数，因为每一次读写都要移动磁头并寻找磁道扇区，花费一定的时间。缓冲区的大小由各个具体的 C 版本确定，一般为 512 字节。

不同的操作系统对文件的处理可能具有不同的规定，如传统的 UNIX 操作系统采用缓冲型文件系统处理文本文件，采用非缓冲型文件系统处理二进制文件；标准 ANSI C 只采用缓冲型文件系统。在 C 语言中，对文件的读写都是通过库函数来实现的。本章介绍 ANSI C 规定的缓冲型文件系统下的文件操作，包括文件的打开、关闭、读写、定位等操作。

12.2　文件类型指针

在缓冲型文件系统中，每个打开的文件都在内存中开辟一个单独的区域，存放文件的有关信息，这些信息包括文件名、状态和当前位置，它们保存在一个结构体变量中。C 语言在 stdio.h 头文件中，定义了用于文件操作的结构体 FILE，在 VC 6.0 中 FILE 的申明如下：

```
#ifndef _FILE_DEFINED
struct _iobuf {
          char *_ptr;            //文件输入的下一个位置
          int _cnt;              //当前缓冲区的相对位置
          char *_base;           //基础位置(即文件的起始位置)
          int _flag;             //文件标志
          int _file;             //文件的有效性验证
          int _charbuf;          //检查缓冲区状况,如果无缓冲区则不读取
          int _bufsiz;           //文件缓冲区大小
          char *_tmpfname;       //临时文件名
          };
typedef struct _iobuf FILE;
#define _FILE_DEFINED
#endif
```

在 C 语言中，通过一个指针变量指向一个文件，这个指针称为文件指针。文件指针即一个指向 FILE 类型的指针。定义文件指针的一般形式为：

```
FILE *fp;
```

它表示 fp 指向 FILE 结构的指针变量，通过 fp 即可找到存放某个文件的文件信息区(是一个结构体变量)，然后按结构体变量提供的信息找到该文件，实施对文件的操作。为简便，通常将这种指向文件信息区的指针变量简称为指向文件的指针变量。

12.3　文件的打开和关闭

在进行读写操作之前应该先“打开”该文件，使用结束之后应当“关闭”该文件。打开

文件，实际上是建立文件的各种有关信息，并使文件指针指向该文件，以便进行读写等操作。C 语言在打开文件的同时，一般都指定一个指针变量指向该文件，也就是建立指针变量与文件之间的联系，通过文件的指针变量对文件进行读写。

12.3.1　文件的打开

在 C 语言中，文件操作都是由库函数来完成的。C 语言中使用 fopen 函数来打开一个文件，其调用的一般形式为：

```
文件指针名=fopen(文件名，使用文件方式)
```

其中，“文件指针名”必须是被说明为 FILE 类型的指针变量，“文件名”是被打开文件的文件名。“使用文件方式”是指文件的类型和操作要求。“文件名”是字符串常量或字符串数组。例如：

```
FILE *fp;
fp=("stu.txt","r");
```

它表示在当前目录下打开文件 stu.txt，只允许进行读操作，并使 fp 指向该文件。常用文件打开方式见表 12-1。

表 12-1　常用文件打开方式

打开方式	解释	若文件不存在
r	打开一个已存在的文本文件，只读	出错
w	打开或新建一个文本文件，允许在文件开头写数据	建立新文件
a	向文本文件末尾附加数据，只写	出错
r+	打开一个文本文件，允许在文件开头读或写数据	出错
w+	打开或新建一个文本文件，允许在文件开头读或写数据	建立新文件
a+	打开一个文本文件，允许在文件开头读或在文件末尾附加数据	出错
rb	打开一个已存在的二进制文件，只读	出错
wb	打开或新建一个二进制文件，允许在文件开头写数据	建立新文件
ab	向二进制文件末尾附加数据，只写	出错
rb+	打开一个二进制文件，允许在文件开头读或写数据	出错
wb+	打开或新建一个二进制文件，允许在文件开头读或写数据	建立新文件
ab+	打开一个二进制文件，允许在文件开头读或在文件末尾附加数据	出错

在使用文件打开方式时，需要注意以下几点。

(1) 文件使用方式由 r，w，a，b 以及“+”五个符号组成，读写方式必须以英文输入法下的双引号引用起来，如"r" "r+"。

(2) 当使用 r 打开一个文件时，该文件必须已经存在，且只能从该文件读取数据，否则会出错；同时文件打开后，读取文件的指针被置于文件开头。

(3) 当使用 w 打开一个文件时，只能向该文件写入数据。若打开的文件不存在，则以指定的文件名建立一个新的文件；若打开的文件已经存在，则将该文件删除，重新建立一个新的文件。

(4) 与 w 方式不同，a 方式打开文件后，并不删除文件中已有数据，而是将文件指针定位到文件的末尾添加新的数据。在使用 a 方式打开文件时，该文件必须已经存在，否则将会出错。

(5) 当打开一个文件时，如果发生错误，如 r 方式打开的文件不存在、路径错误或者打开文件的数量太多，超过系统允许的数量等，fopen 将返回一个空指针 NULL。在程序中可以通过这一信息判断是否完成打开文件的操作，并做相应的处理。

(6) 在将一个文本文件读入内存时，需要将 ASCII 码转换成二进制码；类似地，在将文件以文本方式写入磁盘时，也需要将二进制码转换成 ASCII 码。又因为二进制文件读写不存在 ASCII 码的转换，因此文本文件的读写比二进制文件的读写更耗时。

(7) 标准输入文件(键盘)、标准输出文件(显示器)、标准出错输入(出错信息)是由系统打开的，程序的编写者不需要使用 fopen()函数打开它们，而是直接使用 C 语言的库函数对这些设备进行操作。事实上，系统也定义了 3 个文件指针变量 stdin，stdout，stderr 分别指向标准输入流、标准输出流和标准出错输出流。

(8) 在对文件进行操作时，如果编程任务仅要求“只读”或者“只写”，尽量不使用“读写”方式对文件进行操作。

例 12.1 打开文本文件 stu.txt，若正确打开则在屏幕上输出“The file is opened!”，否则显示“Cannot find the file.”。

【程序代码】

```
/*eg12.1.c*/
#include <stdio.h>
#include <stdlib.h>  /*在使用 exit 函数时，需要包含该头文件*/
int main()
{ FILE *fp;          /*定义文件指针*/
  If((fp=fopen("stu.txt","r"))==NULL)  /*以只读的方式打开文件*/
  { printf("Cannot find the file.");
    exit(0);         /*exit 的功能是关闭所有文件,终止程序运行。exit(0)
                      为正常终止程序*/
  }
  else
  { printf("The file is opened!");
    fclose(fp);                /*关闭文件*/
  }
return 0;
}
```

【运行结果】

若当前文件夹内没有文本文件 stu.txt，则程序在屏幕上输出结果为：

```
Cannot find the file.
```

若当前文件夹内存在文本文件 stu.txt，则程序在屏幕上输出结果为：

```
The file is opened!
```

【例题解析】

(1) 程序首先定义文件指针 fp，然后利用 fopen 函数以“读”的方式打开文本文件 stu.txt，并将结果返回给 fp。若文件打开错误，则 fopen 返回值为 NULL，此时程序将执行 if 语句块中的内容，屏幕显示“Cannot find the file.”；若文件正确打开，则执行 else 语句块中的内容，屏幕上会显示“The file is opened!”。

(2) if 语句块中 exit 的作用是终止程序的运行，它是在文件 stdlib.h 中定义的，故程序需包含该头文件，其中参数 0 表示正常终止。在执行打开文件操作时，exit 经常与 fopen 配合使用，用于文件未正常打开时退出。

(3) 如果所打开的文件与当前程序不在同一文件夹内，可使用绝对路径的方式引用文件名，如 D:\\study\\stu.txt。

12.3.2　文件的关闭

在例 12.1 中出现了 fclose 函数的语句，它的功能是关闭 stu.txt 文件，即撤销文件信息区和文件缓冲区，使文件指针变量 fp 不再指向 stu.txt 文件。在执行 fclose(fp)之后，fp 不再指向任何文件，当然也不指向原关联文件 stu.txt；除非再次通过语句 fp=fopen("stu.txt","r")打开 stu.txt 文件。

fclose 函数的语法格式为：

```
fclose(文件指针);
```

fclose 将缓冲区中的数据(未装满缓冲区的数据)保存到磁盘上，关闭由文件指针指向的文件，释放文件指针。如果文件成功关闭，则返回零；如果失败，则返回 EOF，即–1。

对于缓冲型文件系统来说，在将数据写入文件这一操作时，系统首先将数据写入文件缓冲区内，缓冲区满后才会真正写入磁盘文件中，如果缓冲区的数据未满而程序运行结束，将可能产生缓冲区中的数据因未写入文件中而产生数据丢失的情况。为了防止类似的数据泄露事件发生，C 语言通过 fclose 函数强制把缓冲区中的数据写入磁盘中。

在文件使用完之后，务必及时关闭文件，以防止文件操作出现不必要的错误。例如，在程序读取完文件之后，如果没有关闭文件，由于此时文件指针指向文件末尾，可能对后面代码的二次读取产生不可预料的错误；再如，如果程序没有关闭文件，文件的删除等工作将无法进行，特别注意，如果有两个函数，一个为另一个的子函数，在母函数中如果没有关闭文件，即使在子函数中关闭了文件，也无法进行删除等操作。因此，在文件使用结束后一定要养成及时关闭文件的习惯。

12.4　文件的读写

通常文件的读写按顺序进行，即文件读写的顺序和数据在文件中的物理顺序是一致的。

文件读写函数主要包括以下几种。

(1) 字符读写函数：fgetc 和 fputc。

(2) 字符串读写函数：fgets 和 fputs。

(3) 格式化读写函数：fscanf 和 fprintf。

(4) 数据块读写函数：fread 和 fwrite。

12.4.1 字符的读写

1. fgetc 函数

fgetc 函数的功能类似于 getchar 函数，其语法格式为：

```
字符变量=fgetc(文件指针);
```

fgetc 从文件指针获取当前指向的一个字符，并把位置标识符移到下一个字符。该函数在读取字符后，将其强制转化为 int 型返回，因此该函数的返回值类型为 int 型。如果 fgetc 函数到达文件末尾或发生读错误，则返回 EOF。

fgetc 与 getchar 的功能相似。与 getchar 相比，fgetc 函数需要指定文件指针参数，指明是从哪个文件中读取字符，而 getchar 默认从键盘读入字符。

例 12.2 将文本文件 file.txt 的内容输出到屏幕中，并统计该文件的字符个数。

【程序代码】

```
/*eg12.2.c*/
#include <stdio.h>
#include <stdlib.h>
int main()
{
  FILE *fp;
  int c;
  int count=0;
  if((fp=fopen("file.txt","r"))==NULL)
  {
    printf("Can't open file\n");
    exit(0);
  }
  c=fgetc(fp);
  while(c!=EOF)
  {
    putchar(c);
    c=fgetc(fp);
    count++;
  }
```

```
  printf("\ncount=%d\n",count);
  fclose(fp);
  return(0);
}
```

【运行结果】

若文本文件 file.txt 中的内容为“Hello world!”，则程序输出结果为：

```
Hello world!
count=12
```

【例题解析】

本例中，在成功打开文件 file.txt 之后，通过 while 循环读取文件中的字符，直到检测到文件结束标志 EOF。其中 putchar 函数将读到的字符输出到屏幕，*c*=fgetc(fp)读取文件指针 fp 指向位置处的字符，并返回给变量 *c*，读完之后，自动将 fp 指针向后移动一个字符。count 为计数器变量，初始值为零，每读到一个字符，则该变量加 1，退出循环时，count 记录了读到的字符数量。

2. fputc 函数

fputc 函数的功能类似于 putchar，语法格式为：

```
fputc(字符常量或变量, 文件指针);
```

fputc 函数将当前指定的一个字符写入文件指针所指向的文件中，然后将文件指针自动后移一个字符。若输出失败，则返回一个 EOF。

与 putchar 函数相比，fputc 需要指定文件指针参数，指定将字符输出到哪个文件中，而 putchar 默认将字符输出到屏幕。

例 12.3　使用 fgetc 和 fputc 函数将文件 a.txt 的内容复制到文件 b.txt 中。

【程序代码】

```
/*eg12.3.c*/
#include<stdio.h>
#include<stdlib.h>
int main()
{
  FILE *fp1, *fp2;/*定义 2 个文件指针，分别指向 a.txt 和 b.txt*/
  char ch;
  if((fp1 = fopen("a.txt", "r")) == NULL)/*以只读方式打开 a.txt*/
  {
    printf("Cannot open a.txt\n");
    exit(0);
```

```
    }
    if((fp2=fopen("b.txt","w"))==NULL)/*以只写方式打开 b.txt*/
    {
       printf("Cannot open a.txt\n");
       exit(0);
    }
    while((ch=fgetc(fp1))!=EOF)/*读取文件内容并判断是否读到文件尾*/
         fputc(ch, fp2);/*将读到的字符写到 fp2 指向的文件 b.txt 中*/
    fclose(fp1);/*关闭 fp1 所指向的文件*/
    fclose(fp2);/*关闭 fp2 所指向的文件*/
    return 0;
}
```

【运行结果】

如果文本文件 a.txt 中的内容如下：乔布斯与妻子劳伦娜 · 鲍威尔相识于斯坦福大学，1991 年 3 月 18 日，乔布斯和劳伦娜在约塞米蒂国家公园举行了传统的佛教婚礼，与夫人同为素食主义者。

则该程序执行之后，b.txt 中的内容与 a.txt 中的内容相同，为：

```
乔布斯与妻子劳伦娜·鲍威尔相识于斯坦福大学，1991 年 3 月 18 日，乔布斯和劳伦娜在约塞米蒂国家公园举行了传统的佛教婚礼，与夫人同为素食主义者。
```

【例题解析】

程序将 a.txt 中的内容读出并写入 b.txt 文件中，从而实现了文件复制的功能。若 b.txt 文件不存在，程序将自动新建一个名为 b.txt 的文件；若 b.txt 文件已经存在，则程序运行后原文件的内容将被覆盖。文件中的字符可以是英文字符，也可以是中文字符等，可见，C 语言能方便地进行文件内容的复制。

若想将 a.txt 的内容追加到 b.txt 中，只需将 b.txt 的打开方式改为"a"(追加)，即：

```
fp2=fopen("b.txt","a")
```

12.4.2　字符串的读写

在应用问题中，有时需要连续读写多个字符，如果通过 fgetc 和 fputc 一个一个地进行读写，将会使程序变得烦琐。为了简化类似的操作，C 语言允许通过 fgets 和 fputs 一次读写一个字符串。

1. fgets 函数

C 语言没有定义字符串类型，它对字符串的存储和操作是通过字符数组的形式实现的。在使用 fgets 函数读取文件中的字符串内容时，也需要使用字符数组，其语法格式如下：

```
fgets(字符数组名, n, 文件指针);
```

该函数的功能是从指定的文件中读一个字符串到字符数组中，其中 n 是一个正整数，表示从文件中读出不超过 $n-1$ 个字符的字符串，最后加一个'\0'存入字符数组。若遇到换行符，则结束本次读取，并保留换行符；若当前位置所剩字符的个数不足 $n-1$，则读取剩余的实际字符，并在读入的最后一个字符后加上串结束标志'\0'。例如：

```
fgets(str, n, fp);
```

表示从 fp 所指向的文件中读取不大于 $n-1$ 个字符放入字符数组 str 中。

2. fputs 函数

fputs 函数的功能是向指定的文件写入一个字符串，其语法格式为：

```
fputs(字符串, 文件指针);
```

其中，字符串可以是字符串常量，也可以是字符数组名或指针变量。例如：

```
fputs("Hello world!", fp);
fputs(str, fp);
```

分别将字符串"Hello world!"和 str 所指向的字符串写入 fp 所指向的文件中。值得注意的是，fputs 函数在将字符串写入文件后不会自动换行，这与 puts 函数不同。

例 12.4　使用 fgets 和 fputs 完成下述任务。

(1) 从键盘输入 3 个字符串，将它们写入文件 file3.txt 中，每个字符串的长度不超过 10，每行一个字符串。

(2) 从文件中读取这 3 个字符串并输出到屏幕上。

【问题分析】

问题(1)要求从键盘输入字符串，可通过 gets 函数实现。在将字符串写入时，可通过 fputs 函数将字符串写入文件。问题(2)要求再从文件中将字符串读出到屏幕，可通过 fgets 函数实现。因此，程序大致分为两个部分，第一部分写字符串，第二部分读字符串。

【程序代码】

```
/*eg12.4.c*/
#include<stdio.h>
#include<stdlib.h>
int main()
{
  FILE *fp1, *fp2;
  char str[11];/*定义字符数组*/
  int i;
  fp1=fopen("file2.txt","w"); /*以只写方式打开 file2.txt*/
```

```
    for(i=0; i<3; i++)
    {
     gets(str);     /*从键盘输入字符串，VC 6.0 下使用 gets 函数,VS 2015
                    使用 gets_s*/
     fputs(str, fp1);
     fputs("\n", fp1);
     }
    fclose(fp1);    /*关闭 fp1 所指向的文件*/
    if((fp2=fopen("file2.txt", "r"))==NULL)
    {
     printf("Cannot open file2.txt\n");
     exit(0);
    }
    while(1)        /*永真循环，通过循环体内 break 语句退出循环*/
    {
     fgets(str, 11, fp2);
     if(feof(fp2)) /*判断 fp2 是否指向文件末尾*/
        break;
     printf("%s", str);
    }
    fclose(fp2);    /*关闭 fp2 所指向的文件*/
    return 0;
}
```

【运行结果】

若程序输入：

```
apple↙
orange↙
banana↙
```

则屏幕的输出如下：

```
apple
orange
banana
```

同时文件 file2.txt 中的内容为 3 行输入的字符串。

【例题解析】

例 12.4 中"fgets(str, 11, fp2);"表示读取小于等于 10 个字符的字符串。在设置较大的读取字符数量之后，该语句还可用于文本文件中段落的读取。例题中 feof 函数的作用是判断是否读到文件结束标志，若已读到结束标志返回真(非 0)，否则返回假(0)。

读者可以尝试以下语句段替换上例中的 while 语句块，查看运行结果并分析原因。

```
while(!feof(fp2))
{
  fgets(str,11,fp2);
  printf("%s",str);
}
```

此外，读者还可以尝试将语句“printf("%s", str);”替换为“puts(str);”，查看运行结果并分析原因。

12.4.3　格式化读写文件

实际应用过程中数据的样式具有多样性，如 scanf 和 printf 函数可以通过终端进行格式化的输入和输出，即使用各种不同的格式通过终端为对象输入和输出数据，因此对文件进行类似的格式化读写具有现实的需求。C 语言通过 fprintf 和 fscanf 函数对文件进行格式化写入和读取操作，它们的作用与 printf 和 scanf 函数类似，都是格式化读写函数，不同之处在于，fprintf 和 fscanf 函数的读写对象不是终端而是文件。它们的语法格式为：

```
fscanf(文件指针, 格式字符串, 输入列表);
fprintf(文件指针, 格式字符串, 输出列表);
```

例如：

```
fscanf(fp, "%d%f", &i, &f);
```

该语句从 fp 所指向的文件中读取一个整数存给 *i*，一个浮点数存给 *f*。fscanf 默认分隔符为空格或者'\n'，文件中的整数和浮点数之间如果有一个空格或两个数据分布在两行，则格式列表"%d%f"中间数据可以有或没有空格隔开，但是列表"%d%f"中不能有逗号等其他符号，否则将产生读取错误。如果读取成功，则 fscanf 返回输入列表中的项目数(这里是 2)；如果读取错误或者到达文件末尾，则 fscanf 返回一个由 feof 或 ferror 定义的示性整数，如果在成功读取任何数据之前发生读取错误或者已经到达文件末尾，则返回 EOF。

再如：

```
fprintf(fp, "%d %c", j, ch);
```

该语句将整型变量 *j* 和字符变量 ch 的值写入 fp 所指向的文件中，写入文件中的整数和字符数据之间通过空格隔开。如果写入成功，则 fprintf 返回写入字符的个数，它是一个整数；如果写入失败，则返回一个负值。

例 12.5　使用 fscanf 和 fprintf 函数解决例 12.4 的问题。

【程序代码】

```
/*eg12.5.c*/
```

```
#include<stdio.h>
#include<stdlib.h>
int main()
{
  FILE *fp1, *fp2;
  char str[11];          /*定义字符数组*/
  int i;
  fp1=fopen("file2.txt", "w"); /*以只写方式打开 file2.txt*/
  for(i=0; i<3; i++)
  {
    gets(str);           /*从键盘输入字符串,VC 6.0 下使用 gets 函数,VS 2015
                          版使用 gets_s*/
    fprintf(fp1, "%s\n", str);/*将从键盘输入的字符串写入 fp1 所指向的
                                文件中*/
  }
  fclose(fp1);           /*关闭 fp1 所指向的文件*/
  if((fp2=fopen("file2.txt", "r"))==NULL)
  {
    printf("Cannot open file2.txt\n");
    exit(0);
  }
  while(!feof(fp2))  /*当 fp2 还没有读到文件结束符*/
  {
    fscanf(fp2, "%s", str);
    printf("%s\n", str);
  }
  fclose(fp2);           /*关闭 fp2 所指向的文件*/
  return 0;
}
```

【运行结果】

若程序输入：

```
Apple↙
Orange↙
Banana↙
```

则屏幕的输出如下：

```
Apple
Orange
```

```
Banana
Banana
```

文件 file2.txt 中的内容为输入的 3 行字符串。

【例题解析】

文件 file2.txt 中的内容为输入的 3 行字符串，而不是屏幕上输出的将 Banana 重复了一遍的 4 行，这是因为 while 语句段中，读完 Banana 之后，再次读取数据时，fscanf 返回 EOF，使 str 没有接收到新的字符串，因此 str 中的内容仍然是字符串 Banana，从而 Banana 在屏幕上被打印了 2 遍。

通过 fprintf 和 fscanf 函数对磁盘文件读写，使用方便，容易理解，但由于在输入时需要将文件中的 ASCII 码转换为二进制形式再保存在内存变量中，在输出时又要将内存中的二进制形式转换成字符，这样操作将花费较多的时间。因此，在内存与磁盘频繁交换数据的情况下，最好不要使用 fprintf 和 fscanf 函数，而是使用下面介绍的 fread 和 fwrite 函数进行二进制的读写。

12.4.4　数据块方式读写文件

在实际应用中不仅需要一次输入/输出一个数据，而且常常需要一次输入/输出一组数据，如数组或结构体变量的值。C 语言允许使用 fread 函数从文件中读一个数据块，对应地使用 fwrite 函数向文件写一个数据块。在向磁盘写入数据时，直接将内存中一组数据原封不动、不加转换地复制到磁盘文件中；在从磁盘读入数据时，也是将磁盘文件中若干字节的二进制码一批读入内存。它们的一般调用形式为：

```
fread(buffer, size, count, fp);
fwrite(buffer, size, count, fp);
```

其中：

(1) buffer 是一个指针，在 fread 函数中，它表示存放输入数据的首地址，在 fwrite 函数中，它表示存放输出数据的首地址。

(2) size 表示数据块的字节数。

(3) count 表示要读写的数据块的块数。

(4) fp 表示文件指针。

例如：

```
fread(val, 4, 2, fp);
```

它表示从 fp 所指向的文件中，每次读 4 字节送入数组 val 中，连续读 2 次，即读取 2 个 4 字节的数据到 val 中。数组 val 的数据类型根据具体实例有所不同。

在计算机程序中用于输入的二进制文件无法通过记事本等文本工具直接查看，它一般是其他程序或软件的处理结果。同样，作为 C 程序结果的二进制文件也无法用记事本等工具直接查看(一般所查看的信息是不可阅读的乱码)。

例 12.6 从键盘输入两个学生的数据，写入文件中，再读出这两个学生的数据显示在屏幕上。

【程序代码】

```
/*eg12.6.c*/
#include<stdio.h>
#include<stdlib.h>
struct stu
{/*学生信息结构体*/
  char name[10]; /*姓名*/
  int num;       /*学号*/
  int age;       /*年龄*/
  char addr[20]; /*宿舍号*/
}boya[2], boyb[2], *pa, *pb;
int main()
{
  FILE *fp;
  char ch;
  int i;
  pa=boya;
  pb=boyb;        /*结构体指针，指向结构体数组*/
  if((fp=fopen("stu_list", "wb"))==NULL)
  {
    printf("Cannot open file!");
    exit(0);      /*终止程序的运行*/
  }
  printf("\nPlease input data of two students: name num age
  addr:\n");
  for(i=0; i<2; i++, pa++)
    scanf("%s %d %d %s", pa->name, &pa->num, &pa->age,
    pa->addr);
  pa=boya;
  fwrite(pa, sizeof(struct stu), 2, fp);/*将pa所指向的内容写入
                                          fp所指向的文件*/
  fclose(fp);  /*关闭文件指针*/
  if((fp=fopen("stu_list", "rb"))==NULL)/*重新以只读方式打开文
                                          件*/
  {
    printf("Cannot open file!");
    exit(0);
```

```
    }
    /*从 fp 所指向的文件读取内容写入 pa 所指向的结构体数组中，读两次，每次读
    sizeof(struct stu)字节*/
    fread(pa, sizeof(struct stu), 2, fp);
    printf("\n\nname\tnumber age addr\n");
    for(i=0; i<2; i++, pa++)
                /*格式化输出到屏幕*/
      printf("%s\t%5d%7d%s\n",   pa->name,   pa->num,   pa->age,
            pa->addr);
    fclose(fp); /*关闭文件指针*/
    return 0;
}
```

【运行结果】

如果键盘的输入为：

```
Zhang 1001 19 room_101↙
Sun 1002 20 room_102↙
```

则屏幕输出如下：

```
name    number age addr
Zhang    1001 19room_101
Sun     1002 20room_102
```

【例题解析】

(1) 程序中定义了一个结构体 stu，用于表达学生的基本信息；说明了两个结构数组 boya 和 boyb 以及两个结构指针变量 pa 和 pb。

(2) 在 fopen 函数中指定二进制只写方式 wb。在 fwrite 函数向磁盘文件 stu_list 写入数据的时候，从 pa 所指向的数组首地址开始，将内存中的两个学生信息(每个学生信息是一个结构体元素)的二进制码写入 stu_list 文件内。

(3) 在屏幕输出 name number age addr 的字段中间的间隔符分别为 Tab、空格、空格。在数据 Zhang 和 Sun 的输出中，age 与 addr 值之间没有空格，它们连在一起，为 19room_101 和 20room_102。

(4) 文件 stu_list 被写入了两个学生的信息，但是被写入的信息不能被记事本直接查看。程序后面的 fread 函数将其读入之后，通过 printf 函数可将其输出到屏幕进行可视化表达。

12.4.5　文件结束判断

在读取文件时，由于文件的长度一般是未知的，无法通过读取字符数的方法判断是否已经读取到文件末尾，所以需要有方法判断文件是否结束。在前面的例子中，使用 EOF 来判断文件结束。EOF 是不可输出字符，不能在屏幕上显示。由于字符的 ASCII 码不可能出现-1，

因此 EOF 定义为–1 是合适的。当读入的字符值等于 EOF 时，表示读入的已不是正常的字符而是文件结束符，这适用于文本文件的读写。在二进制文件中，信息都是以数值方式存在的，EOF 的值可能就是所要处理的二进制文件中的有效信息，这就出现了需要读入有用数据却被处理为“文件结束”的情况。为了解决这个问题，C 语言提供了 feof 函数，可以用它来判断文件是否结束。feof(fp)用于测试 fp 所指向的文件的当前状态是否为“文件结束”。如果是，则函数返回值为 1(真)，否则为 0(假)。

feof 函数的语法格式为：

```
feof(fp);
```

feof 函数可以检测 fp 指针是否已经到达文件末尾，即是否已经读到文件结束的位置。若未到末尾返回 0，否则返回 1。该函数对于文本文件和二进制文件都有效，如例 12.4 中使用 feof 函数判断文件是否结束，当文件指针到达文件末尾时，feof 函数返回 1，此时 if 语句为真，break 被激活，跳出永真 while 循环。

12.5　文件的定位函数

在对文件进行操作时往往不需要从头开始，只需对其中指定的内容进行操作，这时就需要使用文件定位函数来实现对文件的随机读取。C 语言通过 rewind 函数、fseek 函数、ftell 函数实现文件的定位功能。

12.5.1　指向文件的首地址

rewind 函数使文件指针重新指向文件的开头，该函数没有返回值。rewind 函数语法形式为：

```
rewind(文件指针);
```

例如：

```
rewind(fp);
```

该语句的功能是将文件指针 fp 移动到文件开始位置。

12.5.2　改变文件指针位置

fseek 函数控制文件指针的移动，其语法格式为：

```
fseek(文件指针, 位移量, 起始点);
```

例如：

```
fseek(fp, offset, from);
```

其中：

(1) fp 指向被操作文件。

(2) 位移量 offset 表示移动的字节数。如果位移量是一个正数，表示从起始点开始向文件末尾方向移动；如果位移量是一个负数，则表示从起始点开始向文件开头方向移动。它要求是 long 型数据，在使用常量表示位移量时，要求加后缀 L。

(3) 起始点 from 表示从何处开始计算位移量，规定的起始点有三种：文件开头位置、当前位置和文件末尾位置，其取值方式如表 12-2 所示。

表 12-2　fseek 函数起始点参数表示方式

起始点	表示符号	示性数字
文件开头位置	SEEK_SET	0
当前位置	SEEK_CUR	1
文件末尾位置	SEEK_END	2

(4) 如果 fseek 函数操作成功，函数返回值为零，否则返回一个非零值。

例 12.7　文件 text.txt 中为 12 字节英文字符“Hello world!”，下面的程序显示了 fseek 函数的用法。

【程序代码】

```
/*eg12.7.c*/
#include <stdio.h>
#include <stdlib.h>
int main()
{
  FILE *fp;
  char ch0, ch1, ch2, ch3, ch4, ch5;
  int v0, v1, v2, v3, v4, v5;
  fp=fopen("text.txt", "r");
  v0=fseek(fp, 0L, 0);          /*定位到文件开头*/
  fscanf(fp, "%c", &ch0);       /*H*/
  v1=fseek(fp, 1L, 0);          /*定位到距离开头后面一个字符处*/
  fscanf(fp, "%c", &ch1);       /*先从当前位置读取一个字符：e，再将指针
                                向后移一个*/
  v2=fseek(fp, 2L, 1);          /*定位到当前位置向后 2 字节处*/
  fscanf(fp, "%c", &ch2);       /*在读取 o 之后，文件指针自动后移一字节*/
  v3=fseek(fp, -1L, 1);         /*定位到当前位置向前 1 字节处*/
  fscanf(fp, "%c", &ch3);       /*l*/
  v4=fseek (fp, -1L, 2);        /*定位到文件末尾向前 1 字节处*/
  fscanf(fp, "%c", &ch4);       /*!*/
  v5=fseek(fp, 1L, 2);          /*定位到文件末尾向后 1 字节处*/
  fscanf(fp, "%c", &ch5);       /*读取乱码*/
```

```
    printf("fseek(fp, 0L, 0):%c, function return: %d\n", ch0, v0);
    printf("fseek(fp, 1L, 0):%c, function return: %d\n", ch1, v1);
    printf("fseek(fp, 2L, 1):%c, function return: %d\n", ch2, v2);
    printf("fseek(fp, -1L, 1):%c, function return: %d\n", ch3, v3);
    printf("fseek(fp, -1L, 2):%c, function return: %d\n", ch4, v4);
    printf("fseek(fp, 1L, 2):%c, function return: %d\n", ch5, v5);
    return 0;
}
```

【运行结果】

```
fseek(fp, 0L, 0):H, function return: 0
fseek(fp, 1L, 0):e, function return: 0
fseek(fp, 2L, 1):o, function return: 0
fseek(fp, -1L, 1):o, function return: 0
fseek(fp, -1L, 2):!, function return: 0
fseek(fp, 1L, 2):?, function return: 0
```

【例题解析】

从上面的例子可以知道：

(1) “fseek(fp, 0L, 0);” 将文件指针定位到文件开头。

(2) “fseek(fp, 1L, 0); ” 将文件指针定位到距离开头后面一个字符处。

(3) “fseek(fp, 2L, 1); ” 将文件指针定位到当前位置向后 2 字节处，由于前面 fscanf 函数语句在读取操作完成后，文件指针被自动移动到操作对象的后面一字节处，从而在下一个 scanf 函数语句中将读入字母 o。

(4) “fseek(fp, –1L, 1);” 将文件指针定位到当前位置向前 1 字节处。同样地，由于上一 scanf 语句的作用，当前文件指针指向的是字母 o 的下一个字符，即空格符，当执行 “fseek(fp, –1L, 1);” 语句时，文件指针从当前位置向前移动一字节，则指向字母 o。

(5) “fseek(fp, –1L, 2);” 将文件指针定位到文件末尾向前 1 字节处，读取到的是最后一个字符 “!”。

(6) “fseek(fp, 1L, 2);” 将文件指针定位到文件末尾向后 1 字节处，读取到的是乱码。

12.5.3　获取当前文件指针位置

在程序运行过程中，文件指针经常移动，人们往往不容易知道指针当前指向的位置。C 语言使用 ftell 函数可以获取当前文件指针的位置，即相对于文件开头的位移量(字节数)。其语法格式为：

```
ftell(文件指针);
```

例如：

```
long n;
n=ftell(fp);
```

其中，fp是已经定义过的文件指针，ftell函数以long型数据返回fp当前指向的位置；如果发生错误，该函数将返回–1L。

例 12.8　向文件写数据，并定位读取文件的内容。

【程序代码】

```
/*eg12.8.c*/
#include <stdio.h>
#include <stdlib.h>
int main()
{
  FILE *fp;
  char str[20]="Hello, C program!";
  long n;
  if((fp=fopen("a.txt", "w+"))==NULL)
  {
    printf("Cannot open file!\n");
    exit(0);
  }
  fputs(str, fp);     /*将str所代表字符串写入fp所指向的文件中*/
  n=ftell(fp);        /*获取当前文件指针位置，赋值给n*/
  printf("current location is: %d\n", n);/*输出n的值*/
  fseek(fp, 6L, 0);   /*将文件指针从文件开头向后移动6字节*/
  printf("current location is: %d\n", ftell(fp));/*获取当前文件
                      指针位置，并直接输出其值*/
  fgets(str, 20, fp);/*从fp所指向位置读取字符串，存入str中*/
  puts(str);          /*输出读取的字符串*/
  printf("current location is: %d\n", ftell(fp));
  rewind(fp);         /*将文件指针移动到文件开头*/
  printf("current location is: %d\n", ftell(fp));
  fgets(str, 20, fp);/*再次从fp所指向位置读取字符串，存入str中*/
  puts(str);          /*输出读取的字符串*/
  printf("current location is: %d\n", ftell(fp));
  fclose(fp);         /*关闭文件*/
  puts(str);
  return 0;
}
```

【运行结果】

```
current location is: 17
current location is: 6
C program!
current location is: 17
current location is: 0
Hello, C program!
current location is: 17
Hello, C program!
```

【例题解析】

(1) 该例以读写的方式打开文件，即所定义的文件指针既可以用于读文件，也可以用于写文件。

(2) 程序首先将定义的字符串内容“Hello C program!”写入文件 a.txt 中；然后通过 ftell 函数获取当前文件指针位置，这时指针指向字符串结束标志处，即文件末尾处，其值为 17。

(3) fseek(fp, 6L, 0)函数将文件指针定位到距离文件开头 6 字节处，通过 ftell 函数获取位置，因此此时指针位置为 6；这时再读取文件时，程序将从空格位置处向后读取，故读取的内容为“C program!”。

(4) 在第一个 fgets 函数语句读完字符串之后，指针第二次指向文件末尾处，通过 rewind 函数将文件指针定位到文件开头处，此时通过 ftell 函数获取文件指针位置为 0；再使用 fgets 函数读取文件内容，程序将从文件开头开始读取，得到字符串“Hello, C program!”。

12.6 文件的出错检测

在对文件进行操作时，可能会出现一些错误，除了根据函数的返回值判断是否出错外，C 语言还提供了一些专用函数用于检查文件操作是否出错。

1) ferror 函数

ferror 函数检查文件在各种输入/输出函数进行读写时是否出错。若返回值为 0，表示没有出错；否则表示有错误。其语法格式为：

```
ferror(文件指针);
```

在执行 fopen 函数时，ferror 函数的初始值自动置为 0，每次调用输入/输出函数时都会产生新的 ferror 函数值。

2) clearerr 函数

当输入/输出函数对文件进行读写出错时，文件就会自动产生错误标志，这样在对批量文件进行读写操作时，可能由于系统繁忙而产生读写错误。为了防止类似的报错，C 语言使用 clearerr 函数清除出错标志和文件结束标志，将它们置为 0，从而使文件读写恢复正常。它没有返回值，也未定义任何错误。其语法格式为：

```
clearerr(文件指针);
```

本 章 小 结

本章介绍 C 语言文件的基本概念以及 C 语言文件操作相关函数的功能及其使用方法。读者需要了解文件内数据的组织形式，理解文件和文件指针的基本概念。掌握 C 语言中进行文件操作的步骤。重点理解 C 语言中与文件相关的库函数的功能，并掌握它们的使用方法。主要包括文件打开函数、关闭函数以及 4 组读写函数；了解输入/输出的重定位操作以及文件的出错检测方法。学习完本章内容后，读者应能调试和设计简单的文件读写程序，并可以利用相关函数解决一般性与文件相关的编程问题。

参 考 文 献

丁亚涛. 2006. C 语言程序设计. 2 版. 北京：高等教育出版社.
高克宁，李金双，赵长宽，等. 2009. 程序设计基础(C 语言). 北京：清华大学出版社.
何钦铭，颜晖. 2008. C 语言程序设计. 北京：高等教育出版社.
廖湖声. 2018. C 语言程序设计案例教程. 3 版. 北京：人民邮电出版社.
苏小红. 2015. C 语言程序设计. 3 版. 北京：高等教育出版社.
谭浩强. 2017. C 程序设计. 5 版. 北京：清华大学出版社.
许勇，李杰. 2011. C 语言程序设计教程. 重庆：重庆大学出版社.
Kernighan B W, Ritchie D M. 2004. C 程序设计语言(第 2 版 · 新版). 徐宝文，李志，译. 北京：机械工业出版社.